[美]李小龙
著

萧浩然
译

李小龙生命哲思录

北京长江新世纪文化传媒有限公司
www.cjxinshiji.com
出品

目录 CONTENTS

Part One 生命的弧度（The Arc of Life）

生命（Life） ・002

存在（Existence） ・009

时间（Time） ・011

根本（The Root） ・013

现实（Reality） ・015

法则（The Laws） ・020

相互依赖（Interdependency） ・022

阴阳（Yin-yang） ・025

道（Tao） ・031

真理（Truth） ・034

论死亡（On Death） ・042

空（The Void） ・044

Part Two　人之哲思（Reflections on Human）

人（The Human Being）　・048

行动（Action）　・052

无为（Wu-wei）　・055

当下（The Now）　・059

心灵（The Mind）　・063

关于成长（On Growth）　・068

思想（Thinking）　・072

观念（Concepts）　・076

知识（Knowledge）　・079

艺术（Art）　・081

理念（Ideas）　・089

感知（Perception）　・092

自我意识（Self-Consciousness）　・096

整体（Totality）　・102

简单（Simplicity） · 105

专注（Concentration） · 107

论感性（On Emotion） · 108

论理性（On Reason） · 110

意志（Will） · 117

精神（Spirituality） · 121

Part Three 生活的艺术（The Art of Life）

健康（Health）	·128
工作（Work）	·130
质量（Quality）	·133
爱（Love）	·135
婚姻（Marriage）	·137
抚育孩子（Raising Children）	·140
教育（Education）	·141
教导（Teaching）	·143
幸福（Happiness）	·147
恐惧（Fear）	·149
逆境（Adversity）	·151
冲突（Confrontation）	·158
好的愿望（Good Will）	·161

梦想（Dreams） ·164

道德准则（Ethics） ·166

种族歧视（Racism） ·171

适应性（Adaptability） ·173

哲学（Philosophy） ·177

Part Four   迈入自由之门（Stepping into Freedom）

> 体系（System）　　　　　　　　・182
>
> 超然（Detachment）　　　　　　・189
>
> 无念（No-mindedness）　　　　・191
>
> 禅宗（Zen Buddhism）　　　　　・195
>
> 守中（On Being Centered）　　・199
>
> 自由（Freedom）　　　　　　　・200
>
> 冥想（Meditation）　　　　　　・203
>
> 动机（Motivation）　　　　　　・207
>
> 目标（Goals）　　　　　　　　　・211
>
> 信念（Faith）　　　　　　　　　・214
>
> 唯条件论（Conditionalism）　　・216

Part Five 我的独白（Monologue）

成功（Success）	· 220
金钱（Money）	· 223
恭维（Flattery）	· 225
自我认识（Self-Knowledge）	· 227
自我帮助（Self-Help）	· 232
自我发现（Self-Discovery）	· 235
自我表达（Self-Expression）	· 237
自我实现（Self-Actualization）	· 239

Part One
生命的弧度
The Arc of Life

想要品尝我杯中之水,须先清空你的杯子。我的朋友,请放下你一切先入为主的固有成见,保持中立。你知道这杯子为什么有用吗?因为它是空的。

生命（Life）

▽ 生命的本质
生命的本质：精神的自由运动。原初的本质。

▽ 始于空寂
想要品尝我杯中之水，须先清空你的杯子。我的朋友，请放下你一切先入为主的固有成见，保持中立。你知道这杯子为什么有用吗？因为它是空的。

▽ 流动于生命之旅
你不可能踏入同一条河流两次，我的朋友。生命如一汪活水，运动不息。没有任何事物是一成不变的。无论你遇到何种问题，请牢记：你的问题不会静止，它将随着你灵动的精神力而变动。如果不明白这一点，你会陷入矫揉造作的状态，或是妄图固化那绵延的流动。切勿僵化，你必须做出改变、灵活变通。记住：杯子的用处恰恰在于它的空。

▽ **生命的原则**

生命永不停滞。它是一种持续的运动，无节奏的运动，也会不间断地变化。事物在运动中生存，并在运动中获得力量。

▽ **生命的意义**

生命的意义就在于它是活着的，既不是为了某种交易，也不是为了被赋予某种概念，更不是为了以削方为圆的形式纳入某种体系。

▽ **意义存在于关系中**

意义就是从表象到背景之间的联系。

▽ **生命的真义**

我的计划及行动的目标是寻找生命的真正意义——内心的平静。而要获得内心的平静，道家与禅宗中一些超凡脱俗的思想的价值是有目共睹的。

▽ **生命无界**

生命辽阔，且无限。生命无边，亦无界。

▽ **活着是一种不间断地保持各种关系的过程**

活着是一种不间断地保持各种关系的过程。因此，请跳出那些孤立的、既定结论的外壳，直接关注它们所表达的内容。记住，我不寻求你的认同，也不打算影响你。所以，切勿把你的内心局限在"这个就是这个"或"那个就是那个"。如果你从现在开始学会自己探究一切事物，我会心满意足。

▽ **生命本来如此**

当生命因我们而存在时，生活便已存在——生命的流动畅行无阻，恰恰是因为一个活着的人意识不到它的流动，故而生命以其本来面目而存在。生命是一股活泉，在这活泼的流动中，问题便不再展现。因为在此刻，生命即生活！因此，若要全心全意地、完整地体验生命，答案昭然若揭：生命本来如此。

▽ **生命——本身即目的**

要明白这样一个事实：你"活着"——仅此而已，而非"为了什么而活着"。

▽ **生命是感受的产物**

生命即我们的感受赋予我们的影响。

▽ **生命的奥秘**

"因为他心怎样思量,他为人就是怎样。"这句箴言蕴含着生命的奥秘。詹姆斯·艾伦[①]进一步补充道:"一个人就是他自己所认为的那个样子。"这种说法或许令人惊异,不过每一件事其实都是一种心境、一种思想状态。

▽ **操纵与控制并非生命的终极乐趣**

我们意识到,操纵与控制并非生命的终极乐趣——要变得更加真实,学会表明自己的立场,发展个人的内核,强化我们的整体人格,释放我们的自发力量——是的,是的,是的!

▽ **生命是不完整的完形**

我们的生命事实上就是基于一系列无限的未完成事件——不完整的完形——总是这个事件才刚刚结束,下一

---

① 詹姆斯·艾伦(James Allen,1864—1912),被誉为"20世纪最伟大的心灵导师",作品《做你想做的人》被誉为"人生的第二圣经"。

个未完成的事件就会出现。

▽ 生命有时并不快乐

生命是一个流动不息的历程，在这条道路的某个地方，总会突然出现一些不快乐的事情——或许会留下创伤，但生命将继续流动，正如川流不息的河水，一旦停止，便会渐渐腐坏。勇敢前行吧，我的朋友，因为每一段经历都会教育我们。继续向前冲吧，因为生命就是这样：时而锦绣，时而倒悬。

▽ 生命的钟摆必须保持平衡

只有清醒的节制才能持之以恒，一以贯之。万事万物只有核心才得以保存，因为生命的钟摆必须保持平衡，而核心即平衡。

▽ 柔韧即生命

要柔韧。人活着的时候，是柔软、柔韧的，当人死去，就会变得僵硬。柔韧是生命，僵化是死亡，无论身体、思想还是精神，皆如此。

▽ 生命即业师

生命本身就是你的老师，你总是处于一种持续不断的学习状态之中。

▽ **活着就是创造**

活着就是一种表达,而表达则必须创造。创造绝不仅仅是重复。活着就是在创造中自由地表达自我。

▽ **生命的过程**

既然生命是一个不断发展的过程,那么一个人应该在此过程中保持流动性,并了解如何实现和拓宽自己。

▽ **生命的统一性**

众生一体的和谐即真理,这真理只有在自我割裂的错误观念(即认为个体的命运能够从整体中剥离出来)被永久地消除之后才能被完整地理解。

▽ **生命必须从每时每刻中加以理解**

生命是没有答案的,必须时刻不停地去理解它——我们所找到的答案,总是不可避免地与我们自以为了解的某种模式相符。

▽ **尽情享受**

请记住,我的朋友,要尽情享受你的计划和你的成就,因为人生苦短,没时间消极颓废。

▽ 生命的完美在于它的朴素

朴素的生命是平淡的,它抛开了利益、舍弃了狡黠、摒除了自私、削减了欲望。它看似不完整,却是完美的;它看似空洞无物,却是充实的;它似光一般明亮,却并不耀眼炫目。简而言之,它是和谐的、统一的、满足的、宁静的、坚定的、开悟的、安宁的、长久的生命。

存在（Existence）

▽ 存在与反存在

存在的对立面是什么？最直接的回答是"不存在"，但这是不准确的。"存在"的对立面应该是"反存在"，正如"物质"的对立面是"反物质"一样。

▽ 存在先于意识

最重要的现实问题并不是我在思考什么，而是"我存在"这一事实，因为很多人并不思考，也依然存在——尽管这存在并非真切的存在。天哪！假如我们把理性思维强加于感情生活中，那是多么别扭的事情啊！

▽ 存在的状态

身处一种心无旁骛的感悟状态，即是存在的状态。

▽ **存在是动态的**

存在绝不是静态的,因为那是一种缺乏连续性的状态。

▽ **"存在,然后思考"**

真理应是:"存在,然后思考。[①]""我存在,然后我思考。"尽管并非每个存在的事物都会思考。有意识地思考不正是建立在一切人类意识的基础之上吗?没有自我意识,没有人格个性的纯粹思考可能存在吗?没有感知,没有其赋予的事物特性,纯粹的知识可能存在吗?难道我们不能感受到思想?在求知于意愿的行为中,难道我们不是在感知自己吗?

▽ **存在与认识的根本关系**

怀疑即思考,而思考是宇宙中唯一无法否认其存在的东西。因为否认本身也是一种思考。当一个人宣称思想存在的时候,那就等于自动宣称了这个人的存在,因为没有任何一种思想能够缺少思想者这一主体因素。

[①] 此处原文系拉丁文,为"Sum, ergo cogito"。源自法国著名哲学家笛卡儿的法文著作中的一句名言"je pense, donc je suis",被译为"cogito, ergo Sum"。李小龙在此将此句拉丁文的顺序颠倒了一下,成为"Sum, ergo cogito"。这里译为"存在,然后思考",意思是个人自我意识的觉醒是第一位的,他反对迷失自我的、盲从的思考。

时间（Time）

▽ 过去，现在，未来

我的朋友，请回想过去，想想那些令人愉快、有益、让人感到满足的事件与成就。至于现在？那么，想想那些挑战与机遇，以及你运用自己的天赋与精力所获得的回报吧。而未来，是在某时某地你拥有的一切具有价值的理想抱负都已在你能力所及的范围之内。

▽ 永恒的时刻

"这一刻"并不包含昨天，也不代表明天。它并非思想的产物，所以与光阴无关。

▽ 时间的价值

时间于我而言意义重大。因为，如你所知，我也是一名学习者，我常常沉迷于与时俱进与删繁就简的快乐之中。若你热爱生命，就不要浪费时间，因为生命是由时间构成的。

▽ **挣脱时间的禁锢**

要实现自由，必须学会让内心直视生命，生命是广阔无垠的运动，它不受时间的约束，而自由存在于意识领域之外——用心观察，切勿停下来解释"我是自由的"，否则你将活在对消逝事物的回忆之中。

▽ **花费时间与浪费时间**

花费时间是指以某种特定的方式度过时间。浪费时间是指轻率地、漫不经心地消耗时间。我们都拥有度过时间的能力，不是花费，便是浪费，如何度过时间由我们自己决定。而时间一旦流逝，便会一去不返。

▽ **知识，认知，时间**

毋庸置疑，知识总是与时间相关，而认知却与时间无关。知识源于资料、源于积累、源于结论，而认知是一个行为。

根本（The Root）

▽ 生命的根本

注意，要尽最大的努力去了解生命的根本，要认识到直接与间接实际上是一个整体中互补的两个方面。要看清事物的本来面目，且不执着于任何事物——无意识意味着对有关意识活动（经验主义的）毫无感知——当思维不再拘泥于任何一处、任何一事的时候——你便挣脱了束缚。这种不再拘泥、不再着相即我们生命的根本。

▽ 专注为本

专注是人类一切高等能力的根本。

▽ 寻求对根本的理解

仅仅为一片树叶、一根枝条的形状、一朵迷人的鲜花而争论不休是毫无意义的，当你理解了根本，自会洞彻那落英缤纷的全貌。

▽ 根与枝

我们追求的是"根",而非"枝"。根是真正的知识,枝是肤浅的理解。真正的知识会孕育我们的"体感"与个人表达,而肤浅的理解只会演变成机械的条件反射与强硬的限制,并且会抑制创造力。

▽ 从根本出发,全面展现你的风采

要在适当的、亲密的时机,迅速地、引人注目地展现自己,从根本出发,全面展现你充满魅力的风采。

▽ 根本即起点

根本是你的灵魂得以表达的支点,是一切自然展现的起点。只要根本是完整而端正的,那么它所展现的一切亦如此,一旦疏于关注根本,则由它萌发的一切将会是混沌的,也就无法完整而端正地展现出来。

现实（Reality）

▽ 物质与能量是一体的

在原子物理学中，物质与能量之间并无分别，也不可能制造出分别来，因为实际上二者的本质是相同的，或者至少是同一个单位的两极。正如爱因斯坦、普朗克、怀特黑德、金斯等科学家的研究成果所证明的那样，像曾经的机械科学时代那样去定义绝对的质量、长度或时间等已不再可能。

▽ 西方哲学对现实之否定

西方探究现实的方式基本上是通过理论，而理论的起点在于对现实的否定。探讨现实，围绕现实，捕捉一切我们所感知的东西。——理性地思考，并从现实本身出发进行抽象与概括。因此，西方哲学开始时声称外在的世界并非基本事实，其存在是可以被质疑的，每一个对外在现实世界予以肯定的命题都不是清晰明确的，都需要去分割、去研究、去分析。也就是有意识地站在旁观者的立场，试图化圆为矩。

▽ 虚无是过程的一种形式

在科学领域，我们最终会回归到苏格拉底时代的哲学家赫拉克利特[①]的观点，他声称万事万物皆是流动的、变化的，是一个过程，也就是没有一个所谓"确定的事物"。在东方人的语言中，"无"即"虚无"。而西方人认为"虚无"就是空洞，是空白，是不存在。在东方哲学与现代物理学中，"虚无"则是一种"过程"的形式，处于不断的运动中。

▽ "是"与"应是"，"是什么"与"应是什么"

"是什么"比"应是什么"更重要。然而，太多的人总是站在考虑"应该是什么"的立场上去看待"是什么"。

▽ 没有通向现实之法

不要把现实归结为静止的事物，然后试图创造一种可以通向它的方法。

---

① 赫拉克利特（Heraclitos），公元前5世纪古希腊哲学家。

▽ **现实与感知**

两者是有区别的：世界；我们对世界的反应。

▽ **努力去感受"此"**

无论行走还是休息，无论坐着还是躺着，无论谈论还是停顿，无论进食还是饮水，不要放任自己的惰性，要努力去感受"此"。

▽ **事物形式化的现实**

无论何种存在均有其特定的现实性。每一个物体的抽象表现并非其形式化的现实。

▽ **一切实物的共性**

一切实物都是相同的。因此，只需了解关于实物存在的知识便已足够。

▽ **因果关系**

每件事都有其原因。

▽ **现实与因果法则**

一种原因必然会造成同样的现实结果。

▽ **外在现实等同于客观现实**

有多少客观现实,就有多少外在现实——或者更多。

▽ **物质与对确定性的需求**

在科学中,我们试图找到终极的物质,但我们越是拆分物质,就越是发现更多其他物质。比如,我们发现了运动,运动等同于能量:运动——作用——能量,但这些都是概念而不是具体的事物,具体事物总是或多或少伴随着人们对确定性的需求而出现。你可以操纵某一具体事物,可以选取适当的方式来处理具体事物。这些概念与特定事件相结合,同样适用于其他的特定事物。"特定事物"是一个具体的事物,所以即使是一个抽象名词也可看作一个具体事物。

▽ **静下心来,方能看到"此"**

此刻,让思维停下来,当你真正令思维与心灵静止,你的思想将变得极其平静而明晰,然后你就可以真正着眼于"此"。

▽ **去除先入为主之垢**

拂去一切我们因存在而积聚的污垢,揭开现实,以显示其所"实质",其所"如是",其所"本真",恰如佛家所讲的"空"。

▽ 条件反射阻碍我们对现实的观念

我们看不到现实的本质,因为我们被灌输了变性和变形的思想。

▽ 停止比较,现实自会显现

只有完全没有比较,"原本是什么"才会显现,与"原本是什么"同在,即至安静平和。

▽ 现实,就是其本身的真实存在

现实,就是其本身的真实存在,完全的、恰当的、本质的存在。现实存在于其本身的"是"之中,存在于具体事件的"是"之中。这里的"是"意味着——从自身的原始感觉中得到自由——不再受执着、束缚、偏颇、复杂的局限。

法则（The Laws）

▽ 自我意志法则

一个恪守自己意志的人遵循着与众不同的法则，亦是我认为绝对神圣的法则——那是属于他自己的人类法则，是他自己的独立意志。

▽ 因果法则

每个人生活中的每一件事都是由某种确定原因而产生的结果，如何掌控以及是否掌握则完全取决于你自己。

▽ 同一性法则

同一性法则表明：A 就是 A。这意味着每一个符合逻辑的论述要么正确，要么错误，绝不会在同等条件下既正确又错误。

▽ 协调性法则

协调性法则，即人要同敌对的力量和势力相协调，而不是对立。这意味着人不应该去做违背自然或并非自发的事情；重要的是，不要产生任何形式的紧张感。

▽ 不与自然相冲突的法则

不与自然相冲突的法则是道家的基本原则之一，即人要同宇宙的基本规律保持和谐统一，而非对抗。通过顺应事物的自然变化来保全自己，而不是与之冲突。切记永远不要以自我为中心对抗自然，永远不要直接站在任何问题的对立面，而要通过与之协调步调来操控它。

相互依赖（Interdependency）

▽ 二元论与一元论

二元论①曾在欧洲盛极一时，主导了西方科学的发展。但随着原子物理学的出现，二元论已经被许多基于实验论证的新发现推翻了，从那时起，思想趋势已重新返回到古代道家的一元论②思想了。

▽ 思想与存在的相依性

当思想存在时，正在思考的"我"与我所思考的"世界"也同时存在；一方存在，另一方就不可能分离。因此，世界与我是一个积极的相互关系；我观察世界，世界被我

---

① 二元论是一种企图调和唯物主义和唯心主义的哲学观点，认为世界的本原是精神和物质两个实体。二元论实质上坚持精神离开物质而独立存在，归根结底还是唯心的。
② 一元论是认为世界只有一个本原的哲学学说。认为物质是世界本原的是唯物主义一元论。认为精神是世界本原的是唯心主义一元论。

观察。我因世界而存在，世界也因我而存在。如果没有可看、可思、可想象的事物，则我也无法去看、去思、去想象。也就是说，我也将不复存在。一个确定的、首要的、基本的事实是主体与其客观世界的相互关联的存在。一方不能脱离另一方而存在。我无法获得对自己的理解，除非我考虑到客观对象与环境。我无法思考，除非我思考事物——并由此发现我自己。

▽ **主体与对象的关系**

仅仅讨论意识的对象是没有用的，不管思考的是一种情感还是一支蜡烛。对象必须要有主体，主体和对象是互补（而非对立）的关系，正如所有其他关系一样，它们是一体的两半，并且是相互作用的。当我们抓住核心时，如果站在一个运动着的圆的圆心来观察，它的相对的两面是相同的。我并非在体验，我不是体验的主体，我就是体验。我是意识。其他一切皆不是我，亦全不存在。

▽ **主体和对象的关系与"水中月"**

水中之月的现象可以用来比喻人类的经验。水是主体，月是对象。没有水就没有水中之月，没有月亦然。然而，当月亮升起时，水并不会刻意等待去接收它的影像；当水流涌现时（即使是一滴水），月亮也不会等着投下它的倒影。月亮决不会刻意投下它的倒影,水也不会故意去接收月亮的影像。水与月共同产生了这一现象,二者作用相当,当水展现了月亮的光华时,月亮也见证了水的清澈。

▽ **相互依存与道家思想**

道家哲学是针灸学的起源及发展背景,其本质是一元论。中国人认为,整个宇宙因有了阴与阳(正与负)两极才有了活力。他们认为,世间任何事物——无论是生机勃勃还是所谓的死气沉沉——全部依赖于这两种力量的无休止的相互作用。物质与能量、阴与阳、天与地,在本质上是一体的,或者说,是一个不可分割的整体中同时相互依存的两极。

阴阳（Yin-yang）

▽ **阴阳**

阴与阳是一个整体中交错相连的两个部分，阴阳相互包容、相互补充。从字面上讲，阴与阳分别代表黑暗与光明。

▽ **阳的含义**

阳（白色）象征着积极、坚定、阳刚、实质、光明、白昼、温暖，等等。

▽ **阴的含义**

阴（黑色）象征着消极、绵软、阴柔、虚无、黑暗、夜晚、寒冷，等等。

▽ **阴阳的基本原理**

阴阳的基本原理是没有任何事物是永恒不变的。当

"动"（阳）达到极点，就会变为"静"，静为阴。同样，静极生动，动为阳。动为静之因，反之亦然。这一此消彼长的循环体系是持续不断的。你可以看到，阴阳似乎是对立的，但实际上又是相互依存的，彼此和谐，互相转换，而不是互相敌对。

▽ 阴阳不是二元对立

西方世界常犯的错误是把阴阳这两种力量的哲学视作二元论，即阳是阴的对立面，反之亦然。他们常把阴阳看作因与果，却从未将阴阳合一，犹如声音与回声、光亮与阴影。

▽ 阴阳——不是阴和阳

在谈论阴阳时，你不能使用"和"这个字，因为阴阳不是两个词，而是相互关联的两极。就像自行车的踏板，你不能仅仅去踩下或完全不踩；除非双腿同时运动，否则你哪儿也去不了。阴阳彼此不能分开，两者缺一不可。我们为什么一定要用这种拆分的思维方式呢？就像试图用拉的方式来挪动一头大象，这是非常违背自然规律的。我们必须遵从自然规律，就像蹬自行车的踏板一样上上下下。如果你仅仅是踩下去——或完全不踩——你哪儿也去不了，永远无法享受户外的美景。

▽ **阴阳与好坏关系**

好与坏、快乐与痛苦是彼此依存的。它们并非对立，而是相互补充、相互作用。如果我不曾感受痛苦，又如何辨别快乐？反之亦然。仰望星空时，因为有大星星，我才能分辨出小星星，而如果夜幕没有降临，也就看不清闪亮的星星了。这不是在好与坏之间斗争，而是像水流一般涌动。

▽ **阴阳的内在平衡**

在阴阳太极图中，黑色部分内有一个白色的点，白色部分内有一个黑色的点。这也是用来表示生命中的平衡，因为任何事物都不可能长久地保持极端的阴（单纯的被动）或极端的阳（单纯的主动）。请注意，在狂风中，越是坚硬的树木越容易折断，而小草或柳枝却能随风摆动而存活下来。极热与极寒都会导致死亡，任何激烈的极端都不可能长久，适度方可持久。积极（阳）隐藏在消极（阴）之中，反之亦然。

▽ **坤（阴）与乾（阳）是最完美的互补**

坤（阴，包容）是乾（阳，进取）的最完美的补充——是补充而非对立，因为包容不会对抗进取，只会使之完善。

包容会因进取而充满活力。否则，若包容与进取相对抗，则会引发"恶"。二者互为因果。若包容与进取相冲突，结果便是恶。事物由进取而引发，但它们都是于包容中诞生的。包容可自我调节并拥有进取的品质。因此，包容无须自身的特别目的，也无须任何努力，一切均为自然发生。阴于动时开，于静时合。柔而不屈，坚而不刚。

▽ **禅与阴阳**

禅的许多观念源自中国古代对于平衡的信仰：阴，象征女性、温顺；阳，象征男性、刚强。此外，不存在纯粹的阴，也不存在纯粹的阳。温顺可以遮盖刚强，刚强可以被温顺影响。

▽ **阴阳之道**

一个人想要发展，就必须先行收拢。一个人想要强壮，就必须先要柔弱。一个人想要获取，就必须先去给予。世间万物都会有虚无与存在（消极与积极）之分。

▽ **阴阳与东西方文明的关系**

没有任何一种事物在所有方面都是卓越的。西方文明在某些方面优秀，东方文明在另外一些方面出色。或许你会说："这只手指更适合这个动作和用途，那只手指更胜任那个动作和用途。"但是对任何动作和目标而言，整只手都更胜一筹。中国文化有优点，西方文化也有优点。东方文明与西方文明不是相互排斥的，而是相互依存的。若没有其中一方的存在，另一方也不会出类拔萃。

▽ **阴阳与性别的关系**

任何女人都不该被动地顺从。她必须明白有一种积极的方式。她必须有所谓的"骨气"。同样的道理，任何男人也不应该至刚至强，他必须通过同情心、同理心来柔化自己的意志。

▽ **阴阳代表整体性**

在现实生活中，任何事物都是一个整体，无法被分割为两个部分。当我说"炎热使我出汗"时，"炎热"与"出汗"是同时共存的，是同一个过程，没有其中一方，另一方也不可能存在，就像对象必须要有主体一样。身处问题之中的人，不可能站在完全中立的角度去说话，而只能从属于某一方面去行事。事物都有它的互补，其互补与事物本身是共存的，二者并非互相排斥，而是互相依存、互相作用。任何一方都不可能独立存在，只能存在于对另一方的互相补充与互相作用之中。阴阳相济——和谐统一。

▽ **阴阳与喋喋不休者**

一个人越是喋喋不休,就越容易精疲力竭。

▽ **阴阳与极端**

一切极端的事物都不可靠。例如,如今年轻人的怪异发型根本算不上发型,而是一种装饰。其时尚绝不可能长久,因为它本身就是一种极端,很快就会被装饰者及欣赏者厌倦。欣赏者或许厌倦得更快一些,但无论如何,最终所有人都会感到厌倦。那些所谓的"时髦贵族"真的很无聊,因为他们都对"极致"趋之若鹜。

道（Tao）

▽ **道的历史**

中国人认为，最高境界、万物之源，是虚空、是混沌、是抽象的普遍存在，这称之为"道"。在孔子之前，"道"通常表示道路或行为方式。孔子把"道"作为一个哲学概念，用来表示正确的方法——道德的、社会的、政治的。道家用"道"来表示世间一切的整体性，类似于有些哲学家所说的"绝对"。"道"可生成万物。它是简单的、无形的、无欲的、无争的、心满意足的。

▽ **《道德经》中的"柔"**

在《道德经》中，道家创始人老子为我们指出了"柔"的价值。与一般观念相反，阴（柔顺）的原则是与生命、生存紧密相连的。因为能屈能伸，人就能生存。反之，阳（刚强）的规矩会让人在压力下崩溃。

▽ 与道合一——个人经验

我躺在小船上,感到自己与道合而为一,我已与自然融为一体。我只是躺在那里,任小船自由地漂荡。在那一刻,我内心达到一种状态,没有互斥,只有和谐,思想不再有冲突。整个世界于我而言是统一的。

▽ 道与虚空

道的海纳百川,是以它的顺、谦、虚、静为基础的。这些在很多时候可以用一个词来表示:虚空。好斗之心会受挫,骄傲之心会失落,暴力之行会战败,所有这一切都源自对道的真正运用的误解。

▽ 道家哲学

道家哲学,其本质是宇宙统一(一元论),复归于朴,阴阳两极,循环不止,世间万物皆平等,世间万物皆相对,世间万物皆回归原始状态,此为超凡智慧,是万物之本源。以此为源,则不再有对利益的欲望、争夺与斗争。道强调的是柔,是不对抗。

▽ 道即真理

在英语中没有一个确切的词来表示"道"。如果将其翻译为"方式"、"原则"或"规矩",是非常狭隘的解释。既然没有一个词能确切涵盖"道"的意义,我便用"真理"来表示。

▽ 刚柔并济才是武术之"道"

无论柔或刚,都只是整体的一部分,而被焊接起来的整体才构成了真正的武术之"道"。

▽ 功夫的核心原理就是"道"

功夫必须顺其自然,要像花儿一样,摆脱情感与欲望的束缚,在思想中绽放。功夫的核心原理就是"道",也就是宇宙的自然性。

真理（Truth）

▽ 真理与问题同在

当我们深究问题时，便会从中发现真理。问题从来不会脱离答案，问题即答案——对问题的理解即对问题的分析、解决。但若以为能找到一种医治百病的灵丹妙药，那就大错特错了。

▽ 判定陈述的真伪

如果一个关于现实的陈述与其他关于现实的陈述不矛盾，那么这个陈述就是真实的。

▽ 判定信仰的真伪

如果一种信仰，当且仅当人能够在不损害自己期望的情况下依此信仰行事，那么这种信仰就是真实的。

▽ **自然中的真理**

一切事物中皆蕴含真理。这是自然所赋予的，自然会教导人，尽管有时也会误导人。

▽ **真理之路**

真理之路包括追求真理、认识真理（以及真理的存在）、感知真理（即真理的实质与方向，正如感知运动那样）、理解真理、体验真理、掌握真理、忘却真理、忘却真理的载体，最终回归真理的原始根本，回归于虚无。

▽ **追寻真理的人一定活在真实之中**

一个真正认真的、渴望了解真理的人，绝对不会被任何特定的风格定义。他只是真实地活着。

▽ **发现真理**

只有审视问题的时候，才能发现真理。

▽ **真理需亲身经历才有意义**

一个吃撑的肚子不可能相信有饥饿这回事。这是你必须亲自经历和理解的事情。别人咀嚼和消化的食物，并不能给予你的生命所需的力量。

▽ 真理的实现

当你的思想与心灵舍弃一切纷争，你不再试图让自己成为某个人时，真理便会出现；当心灵达到宁静，永恒地倾听世间万物时，真理便会降临。

▽ 真理是不可限制的

真理是不可被体系与结构所限制的。当圆心和圆周不分彼此的时候，真理就出现在那里了。

▽ 真理的示例

我曾经说过："在地图上是找不到真理的。"你的真理必定与我的不同。起初你可能认为"这样的"就是真理，但后来你会发现"那样的"才是真理，于是前一个真理便被否定了——但你离真理更近了一步。或许当我们越来越多地发现不是真理的东西之后才会离真理越来越近。例如，经历痛苦，不一定意味着理解它，接受它，或刻意否定它的存在：它确实存在。但并非每一个人都会以同样的方式理解痛苦并得出同样的结论。我们只要仔细看看医学的说法就知道了。当我说出痛苦"是"什么，这就意味着我正体验某种（痛苦的）感觉，但要把这种感觉描述给别人则困难得多。我认为这不仅仅是语义上的困难，而是一种不可能性。从语义学来讲，如果我们对某种指定的概念、想法或词语做出大致相同的反应,那就是说,这一概念、想法或词语使用的就是我们的母语。

▽ **真理是不可定型的**

你不可能把真理变作有体系、有组织的知识,这就好比你把水放进包装纸里去定型一样。

▽ **让真理引导你**

让真理来培育、引导你,努力学习,享受通往最终成就的规划和步骤。局限的修养无法引向真理,真理不讲究"你的风格"或"我的风格",真理只有对问题的智慧理解。

▽ **一流的哲学家为理解真理而实践真理**

道家认为,一流的哲学家为理解真理而实践真理。克里希那穆提[①]指出,为了看清真理,一个人不能割裂地去看,必须看到整体。

▽ **真理即日常生活**

真理与大道展现在每一天的简单行为之中。正因如此,

---

① 克里希那穆提(J.Krishnamurti,1895—1986),印度著名哲学家,近代第一位用通俗的语言向西方全面深入阐述东方哲学智慧的印度哲人。

许多人便忽视了真理。如果真理有什么隐秘，那一定也会在努力探寻中错失。真理就在此处，但人们却要把简单的真理加以修饰——画蛇添足。

▽ **真理作为解放的动力**

对真理最直接的认识就是"真理能让我们自由"——真理不是知识体，而是存在于具体的体验与真实的意识之中。

▽ **真理超越了"顺应"与"对抗"**

通向完美的道路仅对那些挑三拣四的人困难重重；没有喜欢，也没有厌恶，一切便会明朗。差之毫厘，谬以千里；若要真理昭然若揭，切莫顺应，亦不要对抗。"顺应"与"对抗"之间的挣扎是心灵最大的弊病。

▽ **真理在模式与形式之外**

真理在一切模式与形式之外，而对真理的意识从来不是排他的。真理从来不是预先设定的概念，也绝不是一个结论。风格与方法都是结论，但生命的真理是一个过程。

▽ **对真理的认识随变化而变化**

因为我是一个不断成长、不断蜕变的人，所以在几个月前坚持的真理到今天也许会有所不同。

▽ **没有路径的路**

真理是没有路径的路。它是路亦非路。它是一个没有前也没有后的完整表达。世上怎会有通向活生生事物的理论与体系？若要通向静止、僵化、死板，可能有方法，有明确的道路，但那道路无法通向活的事物。

▽ **为自己发现真理**

立刻营造一种自由的氛围，这样便能让自己发现真理并活在真理中，便能让自己直面世界并理解世界，而非仅仅顺应世界。一个人可以自己感受水的冷暖。同样，一个人必须让自己相信这些体验，只有这样的体验才是真实的。

▽ **诚实**

你若不愿在明天跌倒，须在今天表现诚实。

▽ **扔掉粉饰**

扔掉那些零碎的点缀，舍弃那些粉饰的行为。

▽ **愤怒与真理**

内心被真理照亮的人没有愤怒。

▽ **真实、真诚**

一个人在自己的道路上必须真实、真诚，始终保持中立的观察，不盲目遵循他人提供的蓝本。

▽ **真理不在书本中**

切勿从书本中寻找真理。否则，书本只会成为你追寻真理之路的阻碍。追寻真理，需要的是独立求索，而不是依赖任何人的观点或书本。

▽ **终极真理**

终极真理没有符号，没有风格，也没有卓异之人。

▽ **真理隐藏在一切固定的套路之外**

所有固定的套路都缺乏适应性和灵活性。真理隐藏在一切固定的套路之外。水放入碗中会成为碗的形状，放入杯中会成为杯子的形状，它如此具有柔顺性、适应性、协调性！

▽ **终极真理超越人类的理解（不执着）**

一切事物的终极之源超越人类的理解之外，超越时空的范畴。因此，它超越一切相对的模式，故被称为"无所执"，任何关于可能性的判断都适用于它。

▽ **"伸向月亮的手指"**

上述内容充其量只是"伸向月亮的手指"。请勿把手指当作月亮，勿因注视手指而错过整个美丽的夜空。毕竟，手指的作用在于它本身指向遥远的光明，那光明不仅照亮了手指，也照亮了世间的一切。

论死亡（On Death）

▽ 勿因对死亡的忧虑而刻意忽视生命

我不知道死亡意味着什么，但我并不害怕死亡——继续走，不停留，让我的生命不断向前。即使我，李小龙，某一天死去时来不及实现我全部的雄心壮志，我也不会留有遗憾。我做了我想做的，做了我已经做的，我以满腔的诚挚、尽最大的努力去做了。我不能对生命抱有更多期待了。

▽ 死亡之路

古往今来，英雄与凡人的结局都是一样的。他们都会死去，并在人们的记忆中慢慢消逝。

▽ 接受死亡

当我们放弃对春日永驻的幻想，在那一刻，冬夏轮回就变成一种恩惠了。

▽ **死亡的艺术**
　　同别人一样,你想学习获取胜利的方法,但从不接受失败之道。接受失败——学会死亡——就是从失败中得到解脱。一旦接受,你就可以自由流转,通往和谐。流动性是通向空灵之心的路径。你必须解放你充满雄心壮志的心灵,学会死亡的艺术。

▽ **分离**
　　现在,将来,或永久,我们的生命终将分离。我的道路通向一方,你的通往另一方;我不知道明天的路通向哪里,也不知道未来将会怎样。

▽ **回忆的必要性**
　　回忆是唯一不会驱逐我们的天堂。欢乐是终将凋谢的花朵,回忆则是永恒的芬芳。回忆比现在的真实更加长久;我曾留下花朵许多年,却从未收获结果。

空（The Void）

▽ **空**

空是介于"此"与"彼"之间的东西。空包罗万象；没有对立面，没有任何事物与其排斥，与其对抗。光芒普照，雨露均沾，空是超越对立的行为。

▽ **生生不息之空**

这是绵延的空，因为一切的形式皆由它而生，领悟了空的人将会充满生命力、力量以及对一切事物的爱。

▽ **空是创造性的活力**

原始的创造力影响着整个人，而不仅仅是局部——它是未受思想污染的创造力，是由我们内心涌出的创造性源泉。

▽ **空与虚无**

虚无意味着"没有确定的形态"——只有过程,只有事物的发生。当我们接受并且进入这种"虚无",即空,那么沙漠也会绽放花朵。空便会鲜活起来,会被填满。贫瘠的虚无变成富饶的虚无。"我"什么也不是,只是一种作用。空即真。

▽ **空的两种形态**

空(或无意识)可以被描述为两种形态:(1)它仅仅是它;(2)它是被意识到的,是它自我的觉醒。说得不那么恰当一点,这种觉醒"就在我们内心";而更确切地说,是我们"在觉醒之中"。

▽ **空——终点**

从现在开始,卸下一切预想的负担,向未来的任何事、任何人敞开自己的胸怀,记住,我的朋友,杯子的用处恰恰在于它的空。

▽ **终点即起点**

起点与终点紧紧相邻。在音阶中,你可以从最低音逐步升至最高音。达到最高音之后,你会发现它紧邻着最低音。博闻多识,言行却似一无所知,此为智慧的最高境界。

Part Two
人 之 哲 思
Reflections on Human

我不希望支配，也不愿意被支配。我不再幻想天堂，更重要的是，我不再惧怕地狱。如果你问我升入天堂之后会做什么，我将如此回答："为什么要去考虑那么遥远的事情呢？我今生还有太多的事情没有了解清楚呢。"

人（The Human Being）

▽ **与你自己的人性同在**

你知道我习惯怎样看待自己吗？一个人。

▽ **身为人的作用与责任**

人，一个"有品质"的人，他的作用与责任是真实、诚挚地开发潜能，实现自我。补充一下：来自内心的能量与来自身体的力量能够引领你实现自己的人生目标——以实际行动去履行自己的责任。

▽ **人是整合者**

我们不做分解。我们整合。

▽ **人的目标**

人的目标：实现自我。

▽ **虚伪的人**

我最厌恶的是那些吹嘘自己的不诚实的人,以及那些用虚伪的谦虚来掩盖自己的鄙陋的人。

▽ **人的本性**

人是一个能吃饭、睡觉、维持体能、繁衍后代的实体。人是一个有感情的实体。人是一个有创造性的实体。

▽ **人是本能与控制力相结合的产物**

一边是本能,一边是控制力,你要把二者和谐地合为一体。如果你极度执着于本能,那么你的生活会变得非常不科学;如果你将控制力发挥到极致,你就会变为一个机器人,而不再是一个"人"。故须把二者成功地合为一体。既不是纯粹的天性,也不是纯粹的后天性。最理想的状态是后天的天性,或天然的后天性。

▽ **我们可以更好**

事实上,我们仅仅利用了自己所具有的潜能的极少一部分:

(1)个人不允许自己完全做自己;
(2)社会不允许人完全做自己。

▽ **人是富有创造力的动物**

人是富有创造力的动物,正是人类的创造力使其区别于其他动物。

▽ **开发潜能**

促进成长的过程、开发自我的潜能(的方式):

(1)通过扮演社会角色;

(2)弥补性格上的不足,以实现完整。

▽ **说与听**

大部分人都能只说不听,很少有人能只听不说。说和听兼具的人更是凤毛麟角。

▽ **人类的基本道德问题**

人类的正确行为(如公正、伦理、道德)究竟是什么?

▽ **人与人之间的差异**

人与人之间迥然相异的原因并不在于我们的生命中发生了什么,而在于当每个人面对人生中关于生命、勇气的重要考验时,选择用怎样的方式做出回应。

▽ **忠于自己，会让你成为一个"真正"的人**

你就是你，在你成为一个"真正"的人，而非"人造"人的持续成长过程中，忠于自己将占据极为明确与重要的地位。总有一天，你会听到有人说"嘿！棒极了，这是一个真正的人"。我期望如此。

▽ **做人不能只看表象**

每个人都是很复杂的，就如同眼睛只能看到一个人的外表，不能看清楚其内在。退一步看，如果一个人碰巧陶醉于想象出来的自我之中，那就简单多了。可我并不是这种类型的人。

行动（Action）

▽ 践行信仰的必要性
仅仅知道是不够的，我们必须实践。仅有意愿是不够的，我们必须着手去做。

▽ 行动是通往自尊的路
行动是通往自信与自尊的路。任何能量皆会流向开放之处。对大部分人来说，行动是轻而易举的，回报也是实实在在的。

▽ 行动的回报
唯行动者有所成。

▽ 行动是身体和精神一体的
精神的"运动"是通过身体行为来呈现的。

▽ **只有行动可赋予生命力量**

能够赋予生命力量的只有行动,能够赋予生命魅力的只有节制。

▽ **勿空想,要行动**

对我们而言,最重要的不是极目远眺朦胧的景色,而是着手于眼前之事。

▽ **重点在于行动**

造诣再深,都不及实际行动重要。重点不在于行动的人,而在于行动;不在于体验的人,而在于体验。[①]

▽ **人的目的在于行动**

行动是一个人的终极目的,而非思想,无论思想多么崇高。在这个世界上,许多人未能触及问题的核心,却仅仅从理性(而非感性)的角度去谈论应该这样做或那样做。他们谈论,却从未实现或完成任何事情。

---

① 这句话可理解为"与其坐而论道,不如起而行之"。典出《周礼·冬官考工记》,意思是说,与其坐下来空谈大道理,不如行动起来,亲身实践。

▽ **行动不存在对错**

行动并不存在对错，只有偏颇的、非整体的行动才存在对错。

▽ **根据情况采取行动**

受困于问题中的人并非处在被困境隔绝的位置，而是依附于他的问题。他的任务并非试图主导问题——那只会让他迷失——而是让自己被引导。如果他懂得如何以坦然接受的心态去面对命运，他便会得到真正的引导。优秀的人任由自己被引导，他不会盲目地抢先而行，而是从实际情况中了解自己需要做什么，而后徐徐图之。

无为（Wu-wei）

▽ **无为**

所谓"无为"就是"无矫饰"的艺术，"无规则"的原则。

▽ **无为即自然的行为**

《道德经》的基本思想是在无为中达到自然之境，没有任何不自然的行为。它意味着自发性，即"养万物于自然"，任由"万物顺应自然而为"。在此状态下，"道"就达成了"无为而无不为"。

▽ **自然的行为是柔韧的**

无为，通常被翻译为"不行动"，但无为并不代表无所作为，而是指不引发对抗冲突的行为。"正确"的行为是既不对抗也不逃避，是柔韧，犹如风中的芦苇。

▽ **无为是自发的行为**

自发的行为——自然（道）是自发行为的伟大实践者。自发的行为是真正的行为。其他的是按照设计、预想、目的明确的行为。这类行为尽管看起来充满吸引力，却是对自然的压制，是虚幻不实的。

▽ **无为的原则**

无为是自然而然的卓越，无为是自然而然的行为，无须任何预想。无为可使精神在自然中和谐。无为没有过激的行为，是自由与宁静的结果。无为是精神的给养，独善其身，从而收获稳定的心态。无为是"无刻意所为"，一切目标所引发的努力皆会导致失败。

▽ **无为在日常生活中的表现**

在日常生活中，"无为"表现为"生而不有"（生养万物而不据为己有）、"功成弗居"（立了功而不把功劳归于自己）——也就是说，自然之"道"处在一切人为的事物（如规则、制度、礼仪等）之外。所以道家不崇尚形式主义与刻意为之的事物。

▽ **像水一样顺其自然**

仰望夜空，因为有北斗星，我才能分辨出其他小星星。

如果没有夜空的黑暗，也就看不到明亮的星星了。不需要在善恶之间挣扎，要像水流一样，顺其自然。

▽ **你无须特别的训练**

除日常生活之外，你无须任何特别的训练。

▽ **切勿过早消耗力量**

要耐心的在安静中等待——强者尤须保持韧性。你不必害怕自己强烈的欲望无法实现，重要的是，勿在时机尚未成熟之前便浪费力量去勉强行事。

▽ **切勿透支自己的能量**

守恒定律的运转体现在各种形式的不断实现与分化的过程中。一个人不要让自己被外在的成功与失败所影响，要相信自己的力量，韬光养晦，掌握时机。

▽ **勿刻意寻求，只须顺应**

勿刻意寻求，当你不再期盼时它自会来临。顺其自然，勿寻求，勿逃离。

▽ **无为是创造性的直觉**

无为的一个原则是完全发挥创造性直觉的作用，创造性直觉能打开一个人内心的源泉。符合某种论断的行为是概念化、理性化的,但这不可能洞悉创造性的秘诀——尽管人们普遍倾向如此。符合某种论断的行为只是从外在的理性角度来观察,而不迎合任何论断的行为则是由内心之光赋予活力。前者是局限的,后者是自由的、无限的。

当下（The Now）

▽ **现在即真实**

今夜，我看到某些事物焕然一新，并以内心去体验这种新奇感；但到了第二天，这种体验就会变得机械而拘泥，因为我只能去试图重复这种感觉，重复其中的乐趣——重复的永远不是真实的。真实就是在一瞬间感受到真理，因为真理不在未来。

▽ **当下即一切**

所有一切都只能存在于此时此地。

▽ **当下即整体感知**

在"是什么"与"应该是什么"之间存在着一片空间，这就是对"当下"的整体感知，而非绝对意义的静止。

▽ **当下涵盖一切存在**

往昔不可追,来日不可待[①]。而当下涵盖了此时此地、体验感、关联性、现象、感知等方面的平衡。

▽ **生命的每一刻都是流动的**

我们总是处于不断成长的过程中,没有任何事物是固定不变的。抛开一切固守刻板的体系,你就会灵活地随着每一次变化而转变。敞开你自己,流动起来,我的朋友,在生命每一个瞬间的完全开放中流动。如果你的内心不再有任何固守刻板,外在的事物便会显露出来。动,要如流水;静,要似明镜,如回声一般做出反应。

▽ **你无法加快或延迟当下**

在前行的路上,你能否做到既不抱怨也不辩解,只是格外地充满活力?你永远无法邀请风进来,但你必须让窗户敞开。

▽ **置身于当下**

听,你能听到风吗?你能听到鸟儿的歌唱吗?你必须

[①] 典出《庄子·内篇·人间世》:"来世不可待,往世不可追也。"意思是说未来的事情无法预料,没必要消极等待;过去的时光也无法追回,不要念念不忘。

去听。清空你的思绪。你知道水是如何注满杯子的吗？水变成了那只杯子。不要想任何事，你必须化为无物。

▽ **时刻自由**

我无法按照严格的日程表去生活。我试图每时每刻都自由地生活，让事情顺其自然，并随机应变。

▽ **当下拥有创造性**

如果你活在当下，你就有了创造性。

▽ **当下拥有创新性**

如果你活在当下，你就有了创新性。

▽ **当下无焦虑**

只要你活在当下，你就不会焦虑，因为令人兴奋的事情即将出现在你正进行着的自发行为中。

▽ **当下是无法分割的**

当下是一个整体，不要刻意去划分它，它是无法被分割的。因为一旦事物的整体性被分解，它就不再完整。一辆汽车被拆开后，即使它的每一部分都摆放在那里，它也不再是汽车了，不再具备汽车原本的样子、功能与生命。

▽ **要活在当下，须死于昨天**

要想理解当下，活在当下，昨天的一切都必须死去。随着每一次新的体验而不断死去——即对于"这是什么"的认知"不假思索"。

▽ **当下就是现实**

当下就是经历，就是意识，也就是现实。

▽ **了解当下**

最不可思议且最难理解的事情是经验，是对当下的了解。因为这足以解决所有同种类型的困难。如果你充分理解了这个问题，你会发现你突然解决了这个僵问题（例如，在两种食物之间做出选择时的自然偏好）。

心灵（The Mind）

▽ 智慧的心灵在不断地学习

智慧的心灵是不断学习、永无止境的。风格与形式都已化作结论，因此不再是智慧。

▽ 智慧的心灵是探究的心灵

智慧的心灵是探究的心灵。它并不满足于结论，不满足于解释，也不满足于精神信仰，因为信仰是另一种形式的结论。

▽ 心灵的品质

达到某种状态，不再变化，是"静"的最高境界；内心不再有对抗，是"空"的最高境界；超然于一切外在事物，是"精"的最高境界；自身不再与任何事物对立，是"纯"的最高境界。

▽ **你是自己心灵的指挥官**

我曾一度被环境左右，因为我自认为是个受外界条件影响的人。现在我明白了，我才是自己心灵的指挥官，外界环境也随我的心而发展变化。

▽ **心灵的无限灵活性**

心灵本身便被赋予无限的灵活性，不存在任何障碍。

▽ **让心灵解放**

若要心灵与自然和谐，则必须摆脱对对立观念的执着。心灵应该从外在世界的影响中得到解脱，让心灵在外部环境中依然保持其本性。莫让心灵为了清净而去刻意寻求清净，而要进入自然清净之境，没有拒绝也没有接纳，心灵仅仅是去真实地观察。

▽ **保持心灵开放的益处**

杯子的用处在于它的空。空即完整。完整的心灵，完整的物质结构。

▽ **一切思考均为片面的**

一切思考均为片面的，永远不可能是完整的。思考是记忆的反应,而记忆总是片面的,因为记忆是经验的结果;思考是头脑的反应,而头脑是被经验所制约的。

▽ 受限制的心灵无法自由思考

心灵必须敞开,才能自由地发挥它的作用。受限制的心灵无法自由地思考。

▽ 自欺欺人的心灵会成为负担

自欺欺人的心灵无论是在智力方面还是在效率方面都会给人造成沉重的负担。

▽ 心灵反应

水时刻流动,而月始终宁静。心灵流转,对世间万物做出反应,但始终保持宁静。

▽ 洞察力源于心灵深处

让观察的精神力更加敏锐,这样就能按照所观察的去直接行动——洞察力源于心灵深处。

▽ 心灵是终极存在

心灵是终极的存在,是自身的觉醒,绝不是经验意识的居所——心灵就"是"意识,而非心灵"有"意识。

▽ **心灵是虚空生动变化的外在表现**

一切运动均产生于虚空,而心灵则是虚空生动变化的外在表现,这里没有扭曲的意志,没有以自我为中心的动机。因为虚空是真挚的、诚实的、坦率的,虚空本身与其自身运动之间别无他物,合为一体。

▽ **勿做学习的奴隶**

学习固然重要,但不要成为学习的奴隶。重要的是,不要心怀任何外在的、多余的事物,心灵是最根本、最主要的。

▽ **切勿束缚心灵**

如果轴上的车轮被固定得过紧,就不能顺利转动。同理,一旦心灵被束缚,它想要前行的每一步都会困难重重。

▽ **切勿指挥心灵**

在消极与积极之间保持中立,不要再指挥心灵去做任何事。

▽ **心灵无须行动**

心本无为,道恒无思。

▽ **心灵无限制，自可悟真理**

想要心灵高度集中、保持敏锐以凭直觉感悟无处不在的真理，必须从旧习惯、偏见、受限的思维方式乃至平庸思想本身的约束中解放出来。

▽ **培养心灵的警惕性**

保持警觉意味着认真至极；认真至极意味着忠于自我，而真诚终将引入大道。

▽ **知识属于心灵**

"知识"是指了解心灵的空性与宁静。"洞察"是指了解一个人的本性不是被创造出来的。

▽ **修正的心灵**

修正的心灵是不受情绪影响的——不再恐惧、愤怒、忧伤、焦虑，甚至不再执着——当心灵不再表现情绪，我们将视而不见，听而不闻，食而不知其味。

关于成长（On Growth）

▽ **成长**

成长意味着承担起生命的责任，意味着独立自主。成长是从周围环境的支持转向自我支持的一种超越。

▽ **个人的成长**

成长是指通过角色扮演与填补人格上的漏洞使人重新变得完整。

▽ **成长的本质**

成长是对生活的过程不断地去发现与理解。

▽ **成长是持续不断的**

人总在持续不断地成长。一旦他被某种观念所固化，或被行为方法所束缚，他便停止了成长。

▽ **成长的目标**

成长的目标就是不断地丢弃你的"想法",不断地回归你的感觉,不断地同你自己、同世界发生联系,而不是只抱有幻想和偏见。

▽ **成长需要参与**

若要成长、要发现,我们便需要将自身投入进去,这是我每一天都会有的体验,有时令人愉快,有时令人沮丧。

▽ **理解"现在"与"如何"**

无论何时,当你用到"现在"与"如何"这两个词,并意识到这一点时,你便成长了——它们使你重新成为一个整体,使你找回真正属于自己的东西。

▽ **学无止境**

我不敢说我已经达到了拥有任何成就的境界。我仍然在学习,因为学无止境。

▽ **需要进步**

不要故步自封。这就像一只摆渡船,为打算横渡河流的人提供帮助。当你抵达彼岸,千万不要再背负它。你应该向前走。

▽ **发现 + 理解 = 成长 + 学习**

日常的发现与理解就是成长与学习的过程。我很快乐，因为我每一天都在成长，说实话，我不知道自己最终的极限在哪里。可以肯定的是，每一天我都会收获新的发现。

▽ **每天都需要的新发现**

我的每一天都在进步，都会有新发现。如果你不这样做，就会变得教条而死板，仅此而已。

▽ **成熟**

成熟是从依赖环境发展到独立自主的过程。

▽ **成熟与成长**

实际上并没有确切的"成熟"这个概念，只有成长。因为一旦成熟，便意味着结束与停止。那就是"终点"，也就到了盖棺论定的时刻。

▽ **理解即建立联系**

我们理解得越多，我们与周围事物的联系就会越强、越深。

▽ **年龄与发现**

在生命漫长的衰老过程中,你的身体或许在退化,但你每天都有新发现,在这一方面,每天都是一样的。你不会随着年龄的增长而变得更加健康——只会变得更加智慧。

▽ **挫折是成长的手段**

人们必须经历挫折才能成长,否则,他们就没有任何动力去发展自己应对世界的能力和手段。

▽ **成长是比较的结果**

在比较中,某些新的事物会成长起来。

▽ **错误即教导**

当我意识到自己的错误时,我便成长了。

思想（Thinking）

▽ "真如"与思想

"真如①"是未受污染的思想，它是无法通过概念与思考来认知的。

▽ 真诚的思想

真诚的思想意味着专注（静心领悟）。充满杂念的思想是不可能真诚的。

▽ 思想与"真如"的关系

"真如"为思想之实，思想为"真如"之用，除"真如"

---

① "真如"译自梵语 Tathatā，亦译"如""如如"，意为"事物的真实状况和性质"。佛教认为用语言、思维等表达事物的真相，总不免有所增减，不能恰到好处。要表示其真实，只能用"照那样子"的"如"字来作形容。

之外再无思想。"真如"并不变化，但它的运动与作用是无穷无尽的。

▽ **思想无处不在**

思想无处不在，因为它并不依附于任何事物。思想之所以能保持无处不在，是因为当它想到某个事物时，并不会受其约束。

▽ **内在的思想与外在的表达是一体的**

一个人的想法和他的行为是一体的，他的内在思想与外在表达不能互相矛盾。因此，一个人应该建立正确的原则，正确的思想（原则）会影响到他的行为。

▽ **学习从来不靠积累**

积累的过程仅仅是培养记忆力，而记忆力会变得刻板。学习从来不靠累积，它是一个没有起点也没有终点的认知运动。

▽ **思想绵延，川流不息**

这是人的本性——在其正常过程中，思想不断地向前发展；过去，现在，将来，思想绵延，川流不息。

▽ **想象力**

（我）认识到想要实现自己的愿望，需要制订合理的计划以及达到目标的办法。因此，我要开发自己的想象力，每天在制订计划时都借助想象的力量。

▽ **记忆**

认识到警觉的头脑与警觉的记忆的价值，我会通过以下两种方式来帮助自己变得更警觉：对于那些我希望能回忆起的所有的想法都清晰地印在大脑中，并把这些想法与我时常想起的事物联系起来。

▽ **潜意识**

认识到潜意识对我的意志力的影响，我必须着重对自己人生的首要目标以及通向首要目标的一切辅助目标进行清晰明确的描述，并且每天重复、不断强化这个描述，使之成为自己的潜意识。

▽ **回顾与预想**

回顾与预想是高级的意识行为，它是人类思维与其他低等动物思维的区别所在。它很有用，有助于实现某种特定目标，但是在涉及生与死的问题时，就必须放弃回顾与预想，以免干扰到思维的流畅性与行为的敏捷性。

▽ **理解能力**

（理解能力是）在知识的运用中解释事物及其未来发展趋势，从而抓住事物意义的能力。

▽ **应用**

（应用是）在新的实际环境下运用已经掌握的知识的能力。

▽ **分析**

（分析是）将事物分解成各个组成部分进而理解其组织结构的能力。

▽ **综合**

（综合是）把各个部分整合为一个新的整体的能力。

▽ **评估**

（评估是）把各个部分加以整合，并判断其对某种特定用途的价值的能力。

观念（Concepts）

▽ **观念与理解**

如果你从各种观念中学习，致力于收集信息，你便不会理解，你只会解释。当一个人思考时，他便远离了自己所试图理解的事物。

▽ **从观念中解放自己，用你自己的眼睛看清真相**

真相存在于此时此地，只需看到一件事：开放，自由——开放且不受任何想法、观念等束缚的自由。我们可以不停地演练、分析、听取说教，直到我们精疲力竭；但这一切都不会有丝毫的益处——只有当我们停止思考且放开心胸时，才能开始看见与发现。当我们心如止水，思维的过分活跃会短暂地停顿，只有这样，在思维的间隙才会迸发理解——理解绝非思考。

▽ **平衡你的思维与行为**

如果你花太多的时间去思考一件事，你就永远无法去完成它。

▽ **抽象思维令人生活盲目**

如果你忙于运用你的头脑，你的精力就会投入到思维中，你将无法看到或听到更多。如果人不是直接观察事实，而是执着于形式（理论），就会令自己越来越混乱，最终陷入无法自拔的困境。

▽ **观念与自我实现**

与其用一生精力去于实现"你应该成为什么"的观念，不如去做自己，实现自己。成熟的进程并非意味着变成观念的俘虏，要去实现藏在我们内心最深处的自我。

▽ **生命的活力比观念更美好**

假如我允许自己沉迷于扮演某种角色的虚伪游戏，那么我会降低这本书的写作标准。幸运的是，我现在的自我认识已经超越了这种情绪，我开始懂得，充满活力而不是观念下的生命是最好的。如果你不得不思考这一点，那就是你尚未理解。

▽ **切勿在思考中迷失**

所谓"无念"，是指思考过程中因过度思考而迷失——勿被外在对象所污染——思考，继而在思考中放下思考。

▽ **观念阻碍感受**

不要思考，要去感受。当我们不再受到想法或观念的打断与分割，感受便存在于此时此地了。当我们停止分析并放开手脚的那一刻，我们开始真正地看到、感受到——作为一个整体。没有行动者，没有遵从者，只有行为本身。我与我的感受同在——我没有讲出来，只是充分地感受。最终，我与感受合为一体。"我"不再感到自己与"你"不同，从事物中谋取利益的想法也变得荒谬。于我而言，不存在其他的"自我"（更别说思想了），只有我在那一瞬间所意识到的万物之一统。

▽ **抽象的分析并不是答案**

很多时候我们都倾向于审视自身内在的情绪，并试图评价它。然而站在外部却试图看到内部是徒劳的，无论那里有什么都会消失。这同样适用于那些被称为"幸福"的模糊事物。试图确认幸福，如同打开灯去观察黑暗。当你着手分析它时，它就消失了。

知识（Knowledge）

▽ 知识
（知识是）对曾经学习过的材料的记忆。

▽ 尝试定义知识
知识的对象始终不断改变着。感受、体会、感官测试，均为教条而非真正的知识，因为它们可能是错误的。因此，感知的对象是排除在真正的知识之外的。

▽ 知识不仅仅是感知
思考的对象比感知的对象更真实、完美、理智、恒久。

▽ 知识与人格
知识会给你力量，但人格会给你尊重。

▽ **学习**

学习就是探索，探索我们无知的原因。最好的学习方法并不是对信息的计算，而是发掘我们内在的东西。当我们在探索时，就是在发掘我们自己的能力、自己的见解，从而发掘我们的潜能，了解正在发生的事，发现如何拓展我们的生命，找到我们能够利用的手段，让我们能够应对困境。我敢断言，这一切就发生在此时此地。

▽ **知识属于过去**

知识属于过去，而求知旨在当下，求知是一种持续的行为，与外在事物发生联系，不执着于过去。

艺术（Art）

▽ **艺术是自我表达**

艺术其实就是自我表达。方法越复杂、限制越多，表达个人本真自由的机会就越少。

▽ **艺术与"不择手段"的意识**

一切领域的艺术家都必须学会"不择手段"，也就是不做任何挑选地观察，并将观察到的一切融会贯通，在自己的作品中予以表达。

▽ **艺术源于感受**

艺术必须源于艺术家的经验或感受。

▽ **艺术与情绪**

艺术是情感的交流。

▽ 忘掉思绪，与作品融为一体

当一个人满心想着要好好展示自己的作品时，他就不再是一个优秀的艺术家，因为他的心思被他的每一个动作所"阻滞"。在所有的事情中，最重要的就是忘掉你的想法，专心投入手中的作品。

▽ 艺术是超然的

艺术是生命的表达，超越时间与空间。

▽ 艺术的价值

艺术是让"个体生命"获得解放的一种方法。

▽ 艺术不是装饰

艺术从来都不是装饰，不是点缀。相反，它是启迪心灵的作品。换言之，艺术是自由发挥的技巧。

▽ 艺术的目的

艺术的目的是将内心的景象投射到外在的世界。

▽ 艺术的必要条件

成为艺术家的必要条件：一颗纯净的心。

▽ **艺术需要创造力与自由**

　　艺术存在于绝对自由之处，因为没有自由，便不会有创造——艺术没有僵化的自我。

▽ **艺术是彰显灵魂的乐章**

　　每一个动机背后都是彰显灵魂的乐章，否则空洞的动机就像空洞的语言一样毫无意义。若没有适当的方式去表达情感，所有的态度都只是呆板的动作。

▽ **艺术需要全心全意的行动**

　　艺术需要直接的、诚实的、全心全意的行动。通过艺术，我们必须运用自己的灵魂，为自然或世界赋予崭新的形式与意义。

▽ **艺术因灵魂的反思得以发展**

　　艺术要求对技法的完全掌握，并因灵魂深处的反思得以发展。

▽ **艺术是精神的领悟**

　　艺术在对事物本质的精神领悟中得到呈现，以绝对的天然的形式表达人与虚无的关系。艺术创作是人格的精神延展，是虚无的根本。艺术的结果是对灵魂的个性维度加以深化。

▽ **"无艺之艺"是灵魂的艺术**

"无艺之艺"是艺术家内心的艺术过程，意味着"灵魂的艺术"。每一个工具的每一次运用，都在一步步迈近灵魂中的完美世界之路。

▽ **艺术的技巧必须发自内心**

艺术的技巧并不意味着艺术的完美。技巧只是一种媒介，反映着心灵发展过程中的某些步骤，而心灵的发展是无法通过外在形式得到完善的，艺术的技巧只能发自人类的灵魂。艺术的行为并不局限于艺术本身，它深入到了一个更深层次的世界。在这里，所有艺术形式的内在体验全部汇集在一起，灵魂与宇宙在虚无中的和谐成为现实。

▽ **艺术反映灵魂**

灵魂的艺术是宁静的——就像深潭中倒映的月。

▽ **艺术的任务**

艺术的任务是在美的创造中表达最深处的灵魂与个人的体验，让那些体验能够在理想世界的整体框架中被理解、被普遍认同。

▽ **艺术家必须是生命的艺术家**

（艺术家的）最终目标是通过日常行为变成通达生命的人，从而掌握生命的艺术。所有艺术门类的大师都必须首先是生命的大师，因为灵魂创造一切。

▽ **艺术通向生命的本质**

艺术是通向绝对纯粹之路，也是通向人类生命本质之路——敏锐的创造性行为，纯真的积极状态。

▽ **艺术是自然的完美**

艺术是由艺术家实现自然与生命的完美，艺术家对技法有着极致的掌控力，也因此从技法中解放了出来。

▽ **艺术的直觉性（即时性）**

但愿我们可以用双眼直接作画！从眼睛到手臂再到铅笔，这是多么漫长的过程，在这样的过程中我们失去了太多！

▽ **艺术开启人类的一切才能**

艺术的目的不是精神、灵魂、感官的片面提升，而是开启人类的一切才能——思想、情感、意志——符合自然世界的生命韵律，如此便能听到无声的声音，并与之达到和谐。

▽ 若我们拘泥于任何艺术技法，便会限制我们的艺术表达

艺术是自我表达，方法越严谨，限制就越多，也就越发不能表达自己最初的自由感受。技法尽管在创作初期起到了重要作用，但不应过于复杂、局限和机械化。如果我们执着于技法，就会被它的局限性所束缚。

▽ 不露痕迹的艺术是最完美的艺术

艺术的完美境界就是感觉不到艺术。

▽ 伪艺术是毫无诚意的作品

许多伪艺术源于创作者失去诚意，或是虚伪的企图——企图创造那并非源于实际体验与情感的作品。

▽ 卓越艺术的四个必要条件

（卓越）艺术需要适当的形式：（1）个性，而非重复模仿；（2）简洁，而非庞杂；（3）清晰，而非晦涩；（4）朴素的表达，而非形式的复杂。

▽ **艺术需要灵魂的承诺**

有担当、敬业同时又相当专业的灵魂艺术家根本不常见。

▽ **真正的艺术无法施舍**

我坚持认为,艺术——真正的艺术——是无法施舍的。艺术绝不是装饰或点缀。相反,它是不断成熟的持续过程。

▽ **艺术是获得个体自由的手段**

艺术,毕竟是获得"个体"自由的一种手段。你的方式并不适合我,而我的方式也不适合你。

▽ **艺术家之路**

当舍弃一切训练,当思想(如果真的有这个词对应的实质存在)对自己的工作毫无意识,当"自我"也不复存在,艺术便臻至完美。

▽ **真正的艺术家不在意公众**

真正的艺术家不在意公众,他的创作纯粹是为了享受其中的乐趣,夹杂着一丝戏谑、一点随意。当艺术没有自我意识时,便达到了最高境界。当人不再关心自己正在或将要给公众留下什么印象时，自由便出现了。

▽ 艺术——大道至简
简单是艺术的最高境界，也是其自然的开端。

▽ 艺术之所在
艺术存在于绝对自由之地，因为没有自由就没有创造力。

▽ 艺术的要点
艺术的要点在于将艺术作为一种手段，在对"道"的研究中不断前进。

▽ 寻找专注的艺术家
正如在战争中训练一个救世主，让他在精神和身体上都做好准备是极其困难的。同样，要寻找一个恰如其分的、具备专注的艺术家的罕见品质的人，更是千载难逢。

理念（Ideas）

▽ **理念的价值**

理念是一切成就的开端——各行各业皆如此。

▽ **独立的理念本身没有错误**

独立的理念本身没有错误，判断才会使之产生错误。

▽ **新理念总会有收获**

当然，劳动与节俭确实可以换来收入。但是，一个想前人之所未想的人才会收获丰厚的财富。

▽ **简单理念与简单印象**

简单理念是简单印象的复制品。例如，我看到某件激动人心的事物并为之感动，因着这一印象，我接着会产生相对应的理念。因此，简单理念是简单印象的直接复制品，而且无法割裂成若干部分，是一个完整的统一体。

▽ **复杂印象与复杂理念**

尽管复杂印象与复杂理念通常是复制关系（复杂理念是复杂印象的复制品），但在某些特殊情况下却并非如此。例如，我可以凭借想象描绘出一个我从未去过的地方，或者一个分不出蓝色的色盲可以根据其对其他颜色的了解来建立对蓝色的认知。

▽ **三种理念**

先天理念（与生俱来），后天理念（由外在事件而来），人为理念（由人建立）。

▽ **理念的四项原则**

理念的四项原则是：

（1）找到人类的需求，一个悬而未决之题；

（2）掌握问题的全部本质；

（3）对旧原则赋予新的"转折"；

（4）坚信你的理念——付诸行动！

▽ **构思理念的五个步骤**

构思理念的五个步骤：

（1）收集材料；

（2）回忆事实；

（3）放松，然后抛开全部主观意识；

（4）当理念出现时，做好认知与迎接的准备；

（5）塑造并发展你的理念，使其发挥作用。

▽ 发展创造性态度

要发展创造性态度，须进行分析，将重点集中于所想要的解决方案上面；找出事实，使其充盈你的思想；写下理念，合理的或者看似天马行空的皆可；让事实与理念在你的头脑中不断沉淀；评估，再检查，最终确定创造性理念。

▽ 激动人心的理念会落在实处

任何持续占据在头脑中的令人激动的理念，都会立刻开始赋予自身最方便、最适合的落实方式。

感知（Perception）

▽ **感知的哲学问题**

为了让我们能够感知，世界应该是什么样子？我们感知什么？

▽ **感知是持续不断的认知**

我们要的并非一瞬间的感知，而是一种持续不断的认知、一种没有结论的探究状态。

▽ **感知意味着感知对象的存在**

总有一些事物是实际存在的——那是我们所能感知的真实对象。感知接收的数据来自物质对象，但感知数据并不等同于物质对象。事实上，我们可以把"体验"看作是物质对象所产生的持续影响。

▽ **感知通向真理之路**

不是信念，也不是方法，而是感知能够通向真理之路。它是一种轻而易举的认知、兼容并蓄的认知、无须做出取舍的认知。

▽ **感知是不做取舍的意识**

有一种可以不做取舍、无欲无求、无忧无虑的意识，在这种心境下，方可产生感知。只有感知能够解决我们所有的问题。

▽ **不做取舍的意识即不加判断的观察**

不做取舍的意识——不批判、不辩护。只有让意识不受干涉，自由感知，才能发挥其作用。

▽ **不做取舍的意识方为完整的理解**

不做取舍的意识：非二元性、协调即完整的理解。不做取舍的意识来自专一的思想。

▽ **精妙的心智训练**

当你清醒时，你必须对每一件事保持彻底的清醒与认识。这是一种精妙的心智训练。

▽ **带着感知的思想理解真理**

在理解过程中，没有驳斥与对行为模式的苛求。你仅仅在观察——注视且观望着。富有感知的思想是鲜活的、运动的、充满能量的，只有这样的思想才能理解真理。不以好恶和欲望，不带个人色彩地观察事物，就会看到事物本身的简单性。

▽ **直觉启蒙**

一种生活方式、一种意志力或控制力的系统，都需要通过直觉进行启蒙。

▽ **感知数据与感知对象的关系**

感知数据是物质对象的一部分表象——二者相互作用，缺一不可。我们所体验的是被感知的物质对象造成的影响。

▽ **感知对象与感知**

感知对象来自物质对象。为了发现我们眼前的真实对象，理性与理性思维是必需的。"我看到T"意味着存在（我所看到的实际存在的对象）一个"T"（由对象的特征做出的推论），那便是物质对象。

▽ **玄妙自在观察中**

不做取舍地观察,自会发现其中玄妙。它不是一种理念,不是一个所渴望达到的目标。观察是"已经成为"的状态,而非"即将成为"的状态。

▽ **切勿从结论出发**

若要理解,必须保持不做取舍的意识状态,在这种状态下,没有比较与批判,也不会为了支持或推翻某种结论而去刻意等待事物的进一步发展。切记,勿从结论出发。

▽ **"纯粹的洞察"**

于无物(客观对象)中看见实物,这就是真正的洞察——洞察是不执着于物的结果。真实的洞察只是"纯粹的洞察",超越主体与对象,因而"见之于无所见"。

自我意识（Self-Consciousness）

▽ **意识的三个层次**

意识包括三个层次：自我意识，中间地带（想象空间）的意识，以及对世界的意识。

▽ **关于自我意识**

关于自我意识，很重要的一点是你要驾驭自我，而不是被自我利用或蒙蔽。

▽ **自我意识与自我暗示**

自我意识恰恰是被自我暗示所框住而僵化的。

▽ **意识具有治疗作用**

意识本身或纯粹的意识能起到治疗的作用。在具备完整意识的情况下，你就能感受到生物的自我调节，就能让生物不受干扰地自我调节。

▽ **畏惧与意识**

畏惧——不愿承受分毫痛苦——是个人发展的大敌。当你感到不愉快,便会中断自己的意识,便会感到恐惧。解决方法在于:我们必须通过意识(注意力)的整合来继续成长。

▽ **自我意识是接受的障碍**

僵化的自我意识严重地阻碍了对外在事物的认知,正是因为这种"自我僵化",令我们无法接受自己面对的一切事物。[1]

▽ **将自我意识作为工具**

那些唯物主义者仍然紧紧抓住自我意识,将其视为一种财产,而不是像使用工具一样去驾驭。人要在思想上、心理上做到无我。

---

[1] 李小龙提倡自我的真正觉醒,即了解自己、表达自己、实现自己。所以本文的"自我意识"是指一种固定僵化的自我形象,它不仅无法真实地反映自我,也无法真实地反映外在事物,只有抛开这种僵化呆板的"自我意识",才能了解与实现真正的自己。

▽ **止于无**

不为自己预设任何立场,让事物彰显其本来面目。动若流水,止如明镜,回应似空谷回声,恍惚犹如无物,寂静好比虚无。有所得即有所失,不先于人存在,却一直与人同在。[1]

▽ **摆脱自我意识**

一个人的自我意识过于强烈,占据了他全部的注意力,反而会干扰他自由地展示当下已经获得或即将取得的能力。人应该摆脱这种自我干扰——自我意识——让自己做该做的事情,就像此刻并没有特别的事情发生那样。

▽ **自我意识与二元论**

自我意识意味着二元性,它既是主体的客观化,也是主体在不同于自身的对象上面的映射,或者说,它创造了一个对象——这个对象已经从过去的束缚、一切思维惯性和所有对回忆的依恋中彻底解放出来。

---

[1] 出自《庄子·天下》:"在己无居,形物自著。"其动若水,其静若镜,其应若响。芴乎若亡,寂乎若清。同焉者和,得焉者失。未尝先人,而常随人。李小龙在此处没有写"同焉者和"这部分,因此译者也没有擅自增加。

▽ 大多数人固守自我意识

大多数人宁愿固守自我意识,并且装出看起来不错的样子,也不愿承认自己的盲目以重获光明——这其实是一种恐惧心态(逃避)。

▽ 自我意识是执着的

执着的、带有控制欲的自我意识,会试图在"解脱"的过程中自我巩固,巧妙地掩饰真相,它排斥现实本身占据的思想,清空现实对思想的投射。——这种"清空"本身也是一种占有,一种成就。

▽ 无意识的意识是涅槃的秘诀

涅槃的秘诀在于无意识的意识或是有意的无意识。这一切行为如此直接迅捷,以至于智力层面的思维在这里找不到介入和将其割裂的空间。

▽ 超越自我意识

一个人必须要克服的意识——以自我为主体的意识。不是"我在做此事",而是内心意识到"此事是经我而发生",或"此事因我而做"。自我意识是正确执行所有身体动作的最大障碍。

▽ **人要有自我意识**

没有自我意识的人是透明的；只了解自己心灵的人是晦涩的。

▽ **自我界限**

自我界限是自我与其他事物之间的区别。若这个界限是固定的（其实并不固定），则会变成某种个性，或是防御性，就像乌龟的壳。

▽ **自我界限之内外**

自我界限之内是凝聚力、爱、协作。自我界限之外是猜疑、陌生、生疏。

▽ **变成木制玩偶**

要变成一个木制的玩偶——没有自我，没有思考，没有贪婪，没有固执，让身体与四肢依照它们自身的准则而运动。

▽ **一望可知**

缺乏自我意识会使我们很容易被看穿。但一个只知有己不知有人的灵魂则会晦暗不明。

▽ **洞察自身**

只有洞察自身，方可洞察他人。

▽ **关于才华**

人们常常问我："布鲁斯（李小龙的英文名），你真有那么厉害吗？"我说："如果我回答你我很棒，或许你会说我在吹牛；但如果我告诉你我没那么棒，你想必知道我在说谎。"我有绝对的自信，我绝不是第二名，但我同样有足够的理智告诉自己，世上没有第一名。

▽ **关于社交**

我不喜欢打扮得一本正经，然后去出席那种每个人都试图给别人留下好印象的社交场合。

▽ **作壁上观**

面对自己周遭发生的事，做一个冷静的旁观者。

▽ **丢掉态度**

切勿固守一种态度，敞开自己，专注于自己，表达自己，摒弃那些无法表达内在真实的外在形式。

整体（Totality）

▽ 切勿偏爱
不要过于偏爱（某些事物），无论它多么美妙，要从整体的角度去看事物。

▽ 接受创意整体的影响
在创造力的潮流（原始创意）中，以"寓教于乐"的态度行事，接受创意整体而非片面的影响。

▽ 整体与启示
获得启示意味着消除一切蒙蔽"真知识"与"真生命"的杂质，同时也意味着"无边际地拓展"，特别要强调的是，启示并非着眼于"构成整体的某些局部"，而是致力于"由局部组成的统一整体"。

▽ 整体中不存在有效的局部

整体中不存在有效的局部。一个人如何以局部的、零散的形式去对整体做出反应？大可以包含小，但小中不会有大。

▽ 自由之路始终是整体的

流动性带来了交替性。自我了解导致自我意识。整体引领终极自由。

▽ 超越好恶

你应不带好恶地去看，纯粹地看，如此便可见识整体，而非局部。

▽ 切勿拘泥于一种观点

保持整体意味着追随事物的发展，因为事实是不断运动、不断变化的，如果一个人墨守成规，他就再也无法追随事物瞬息万变的发展了。

▽ 整体性行为

行为本身无关对错。只有在行为被分割成局部，不再是整体时，才会有对错之分。

▽ **成为整体**

有机生物总是作为一个整体来活动。我们不是各个局部的总和,而是把构成有机体的每一个不同部分都极其精妙地协调统一——我们不是拥有肝脏或心脏,我们是肝脏、心脏、大脑等器官的有机总和。

▽ **纵览全局**

一个人若要纵览全局,就必须完全置身事外。

简单（Simplicity）

▽ 深入浅出即常识
深入浅出即常识，是最直接、最合乎逻辑的方式。

▽ 大道至简
高水平的修炼是不断趋于简单，而半吊子的修炼是不断装饰自己。

▽ 傻瓜之道
一个傻瓜：放下任何首要原则，任由一切自然发生。这就是所谓的至简。

▽ 简单是深入修炼的结果
简单——深入修炼的自然结果。天才的标志是能够看到和表达简单的事物！真正伟大的禅宗修炼者会用简洁的线条和效果表达最宏大的事物!

▽ **简单就是砍掉非本质的东西**

不是与日俱增,而是日渐减少——砍掉非本质的东西!越靠近源头,杂质就越少。

▽ **言语虚浮的印象**

生命之道的虚假教导者只懂得花言巧语。

▽ **简单很难**

要阐明简单之道其实是非常困难的。

▽ **简单是一种内在状态**

简单是一种没有矛盾、没有比较的内在状态;它是面对问题时的本质感觉——当你以某种固定的观点、信念,或以某种特定的思维方式去面对问题时,那便不再是简单了。

▽ **简单是自然之道**

自然之道与水之道相似。好比女性和婴儿,代表柔弱之道,尽管看上去这似乎在美化柔弱,但其实它强调的是"简单"。

专注（Concentration）

▽ 对专注保持警惕
专注是一种排斥的形式，而有排斥的地方意味着有排斥的思考者。正是这些思考者、排斥者、专注者制造了矛盾，因此便有了中心（思想），而这个中心（思想）就有可能导致偏差和分散。

▽ 过于专注使生命狭隘
专注是一种心智的收缩——但我们关注的是生命的整个过程，仅仅专注于生命的某一个方面，就会使生命变得狭隘。

▽ 专注需要意识性
专注的思维方式并非聚精会神，而是具有意识性的思维才能够做到专注。意识性从不排外，它包容一切。

论感性（On Emotion）

▽ 良知是你的领航员

我认识到，感性常常因过度热情而犯错，而理性总是缺乏感情的温暖，而这种温情对于在判断中将公正与善良相结合是必不可少的。我愿唤起我的良知，让良知引导我知晓对错，而我永远不会将它的裁决束之高阁，无论执行这些裁决需要付出多大的代价。

▽ 强大的感性

任何一种感性都会在某种强大的体系中展现。渴望是一种极其强烈的感性刺激。

▽ 愤怒应该表达

如果愤怒不能发泄出来，不能自由地流露，则会转化为虐待狂、强迫症、口吃，以及其他形式的病痛。

▽ **感性是行为的动力**

感性是我们行为的最重要的动力。

▽ **感性与潜意识**

潜意识偏爱因感性而生的思想,同时也倾向于支配性思维。

▽ **感性既积极又消极**

认识到我的感性既积极又消极,我将培养良好的日常习惯以发展自己的积极情绪,并且使消极的情绪转化为某种有益的行为方式。

论理性（On Reason）

▽ **理性——自然之光**

"自然之光"有时也被称作"理性之光"（智慧）。

▽ **以理性为引导**

我认识到，如果不对积极情绪与消极情绪加以控制和引导，二者都会变得非常危险。我会让自己的一切欲望、目标与决心服从于理性的力量，我会让自己被理性所引导，去表达自己的欲望、目标与决心。

▽ **逻辑学家**

逻辑学家并不关心推论的过程，他们只关心那些构建这一推论过程的起点与终点的命题，以及它们之间的关系。

▽ **逻辑领域**

逻辑[1]的核心问题是正确与谬误的区分。

▽ **逻辑与陈述句有关**

逻辑只与陈述句打交道,即那些用来对世界提出主张或做出论断的话语。

▽ **命题**

一个命题非真即伪,要么被肯定,要么被否定。

▽ **判定命题的真伪**

一个命题,当它符合以下条件时方为真命题:

(1)每一个命题均与某个事实相对应;

(2)每一个命题均是一个符号,可描述特定的事实——比如音阶。若该描述是正确的,则命题也是正确的;

(3)不可定义的观点;

(4)一致性的观点;

(5)每一个命题都符合自身的前提条件,而非与之矛盾;

(6)不能把经验分解为主谓关系;

---

[1] 本章涉及的逻辑学内容,采用并参考由中国人民大学哲学系逻辑教研室编、中国人民大学出版社于1996年5月出版的《逻辑学》。

（7）要把经验视为一个整体；
（8）现实是完整连贯的；

▽ 推论的艺术

推论是一个过程，在此过程中，一个命题在其他一个或多个命题的基础上被证实。那些命题被认为是推论过程的起点。

▽ 论证

论证是由一组命题构成的，一个命题被认为是从其他命题中推导而出，其他命题被认为是这一命题的假设条件。论证的结构：前提和结论。

▽ 前提与结论

在论证中，结论是一个被其他命题所证实的命题，而其他命题则是用以证实结论的假设条件及理由，即前提。一个孤立的命题既非前提，也非结论：前提——论证中的假设；结论——从论证中的假设命题而得来。

▽ 论证的两种类型

逻辑论证有两种类型：演绎和归纳。

▽ 演绎法

在演绎论证中,结论的对与错并不能确保论证过程是否正确有效。同样,论证过程的正确有效也不能确保结论是对的。

▽ 前验

前验指从原因到结果的推论,不依赖于经验的知识。

▽ 后验

后验指从结果到原因的推论,基于经验的知识。

▽ 有效的论证

有效的论证:所有的前提都是正确的,因此结论也是正确的。

▽ 无效的论证

无效的论证之所以无效,是因为它的前提是假的。

▽ 直言命题

直言命题是判定类项从属性质的语句,判定一个类项的全部或部分是否包含在另一个类项中。以直言三段论为例:运动员都不吃素,所有足球运动员都是运动员,因此,足球运动员都不吃素。这一论证的前提与结论，是关于运动员类项与足球运动员类项的判定。

▽ 直言命题的基本形式

直言命题的基本形式[1]为：

（1）全称肯定命题——所有的S（主项）都是P（谓项）。

（2）全称否定命题——所有的S（主项）都不是P（谓项）。

（3）特称肯定命题——有些S（主项）是P（谓项）。

（4）特称否定命题——有些S（主项）不是P（谓项）。

在逻辑学中，"有些"表示"至少有一个"，与日常思维中的"一些"不同。

▽ 分析命题

分析命题[2]必须为真，因为对它的否定一定是自相矛盾的（如：所有吠叫的狗都在吠叫）。

---

[1] 现代逻辑学认为直言命题的基本形式有六种，除上述四种外，还有单称肯定命题（某S是P）、单称否定命题（某S不是P）。
[2] 分析命题的前提包含了结论，主语、谓语是包含关系，如"等腰梯形是梯形"，而对此分析命题的否定，即"等腰梯形不是梯形"，其表述本身就自相矛盾，无须通过实际经验来推论。（此处李小龙所举的例子中，其否定命题是：所有吠叫的狗都不吠叫。）

▽ **综合命题**

综合命题[①]并不自相矛盾,而且对它的否定也不是自相矛盾的(如:所有的狗都吠叫)。

▽ **普遍性**

普遍性是指:

(1)不同事物的共性,是"多"中的"一"(如:红是一切红色物体的共性);

(2)关于主体种类之整体的命题(如:所有的S都是P)。

▽ **特殊性**

特殊性是指:

(1)单一,个体,与种类或普遍有所不同;

(2)关于主体种类中的部分内容的命题(如:有些S是P)。

[①] 综合命题即不是分析命题的命题。如"明天是晴天",对它的否定即"明天不是晴天",其表述本身并不自相矛盾,我们只能通过实际的经验去判定它的真伪。(此处李小龙所举的例子中,其否定命题是:所有的狗都不吠叫。)

▽ 苏格拉底问答法

与苏格拉底[①]一样,柏拉图[②]采用一种特别的方式来呈现他对某一问题的看法。他的论证方式由以下三个步骤组成:

(1)由特定的前提开始;

(2)通过推论的过程,引导对方得出自己想说的观点;

(3)作出结论。

▽ 批驳苏格拉底问答法

批驳所谓"苏格拉底问答法"的唯一方法也是三个步骤:

(1)若初始前提的真实性被证明是无效的;

(2)若基于初始前提的其他前提在逻辑上是相符的;

(3)结论是错误的。

[①] 苏格拉底(Socrates,前469—前399),古希腊哲学家、教育家,首创了"苏格拉底问答法",又称"产婆术"。其教学方法是以师生问答的形式引导学生思考,从而一步一步得出正确的结论。

[②] 柏拉图(Platon,前427—前347),古希腊哲学家、思想家,青年时师从苏格拉底。柏拉图提出一种理念论和回忆说的认识论,认为人的一切知识都是由天赋而来,它以潜在的方式存在于人的灵魂之中。因此,教学过程即"回忆"理念的过程。

意志（Will）

▽ 成功的意志
意志使人在成功的路上坚定不移。

▽ 实干的意志
实干的意志源自"我能做到"的信念。我只是顺其自然，因为我心中没有恐惧和怀疑。

▽ 心灵的至高力量
意志的力量是我心灵中压倒一切的最高力量。我会每天锻炼自己的意志力，因为我需要激励自己实现目标，我会每天将意志付诸实际行动，坚持形成良好的习惯。

▽ 柔顺的意志使人从容自若
柔顺的意志使人从容自若，如羽毛般柔软、宁静，于行动中隐让。看似力有未逮（内心谦卑，行动有力），实则从容自若，在行动中与自然和谐，在创造中循环不息。

▽ **必胜的意志**

"只要你足够想赢，你便能赢。"这种态度意味着一种必胜的意志，它是持续不断的，无论条件怎样苛刻，无论付出多少努力，没有任何困难能强大到阻拦你胜利的脚步。只有当你的理想与梦想同"胜利"紧紧相连的时候，这种强大的意志才会得以发展。经验证明，一个不断强迫自己达到极限的运动员，可以最大限度地进步，而普通的努力绝不会释放人体所潜藏的巨大能量。超凡的努力，强烈的意志，以及不惜任何代价赢得胜利的决心，都会激发额外的能量。因此，一个运动员的疲劳只是自身的感觉，如果他决心去赢，就会永不止步地奔向自己的目标。

▽ **道德与权益**

不义之财即使成千上万，我也会从旁绕过；但如果是我理所应得的，哪怕一毛钱我也不会退让一步。

▽ **自由意志的问题**

自由意志究竟是源于我们自身，还是来自上帝（这是中世纪的一个神学问题），抑或由因果规律支配（"自由"

将成为"偶然性"的结果)?若人类行为受因果规律支配,那么问题便成为:没有任何行为是自主自愿的。

▽ **意志可以致命**

世上没有比意志更致命的武器。

▽ **意志与女性**

毫无疑问,男性拥有自己的意志。——但女性自有她的办法(突破男性的意志)!

▽ **意志是精神层面的**

意志的精神力量足以消除一切障碍。

▽ **自我意志不受外部法则的支配**

自我意志似乎是唯一不受人为法则约束的美德。

▽ **英雄是坚定不移的人**

"坚定不移"意味着什么?不就是"拥有自己的独立意志"吗?人作为群居动物,其本能需要适应他人、顺从他人,但一个人的最高荣誉并不是驯服、懦弱、顺从。英雄,恰恰是坚定不移的人。

▽ **坚定自己的意志**

坚定的意志意味着一个人是自己灵魂的船长，是自己生命的主宰了。如何实现这一点，进而改变一个人的行为？要真实，要承担起自己的责任。

▽ **坚定不移之人的目标在于成长**

一个坚定不移之人，除了自我成长没有其他目标。他只重视一件事，即潜藏于自身的神秘力量，这力量赋予他无声的、不可言表的内心法则。对于习惯了舒适生活的人来说，这法则过于辛苦而难以遵循，但对于坚定不移的人来说，这法则就是他的宿命，他的神性。

精神（Spirituality）

▽ **精神修炼的难度**

精神的修炼是难以掌控、困难重重的，而且极少是自发的。

▽ **精神是对"存在"的控制**

毫无疑问，精神是对"存在"的控制（至于精神存在于何处，我们并不知道），尽管它完全超越了肉体的领域。这一无形领域控制着它自身在外部环境的一举一动，因而精神处于极端的流动变化之中，无论何时何地，永不停止。

▽ **精神的重要实现**

当一个人有意识地察觉到自身的巨大精神力量，并将此力量投入到科学、商业、生命之中，他在未来的进步将是无与伦比的。

▽ **精神力量**

要认识并运用无穷无尽的精神力量。这种宇宙间的真正力量是无形的,同时它又是有形的种子。

▽ **寻找内心的超凡力量**

我能感受到自己内心那伟大的力量、潜在的力量、充满活力的力量,无论其神圣与否。这种感觉绝非语言所能形容,也找不到类似的感觉。它就像强烈的感情与信仰相结合的产物,甚至强烈得多。

▽ **精神力量超越一切**

我感觉到自己的内心拥有巨大的创造力与精神力,它比信仰、野心、信心、决心、远见都更伟大。它是这一切力量的结合。我的头脑已经被这种伟大力量所改变,而它就掌握在我手中。

▽ **激情/狂热是内心的神明**

激情与(或)狂热——是我们内心中的神明,它本能地成为我们身体"正在成为"的艺术,在这种转变中,我们不再刻意追问生命的意义。我们只需"存在",就能展现生命的本质。

▽ **宇宙的精神**

整体的统一性原则——宇宙的精神——因目标的转变而不停变化的创造本能。

▽ **脚踏大地，凝视天空**

我不希望支配，也不愿意被支配。我不再幻想天堂，更重要的是，我不再惧怕地狱。如果你问我升入天堂之后会做什么，我将如此回答："为什么要去考虑那么遥远的事情呢？我今生还有太多的事情没有了解清楚呢。"

▽ **信仰上帝**

坦率地讲，我不信仰上帝。如果有上帝，它就存在于我自己的心中。你无法祈求上帝给你什么，只能在内心深处依赖上帝。

▽ **精神取决于思维习惯**

我不信仰任何一种宗教。我相信生命是一个过程，而一个人是他自身的产品。人的精神取决于他自己的思维习惯。

▽ **精神在悲伤中强大**

幸福对身体有益，而悲伤可强大精神。

▽ **个性是精神的形式**

个性之于内心，犹如外表之于肉体。一个人的真诚与文雅无法直接展现，只能作为内心的产物，间接地展现出来。

▽ **让精神在平凡中成长**

知足常乐，追求高雅而非奢华，追求精致而非时尚。实现价值而非获得体面，实现富足而非变得富有，努力学习，安静思考，温和交谈，真诚行动，愉快地承受一切，勇敢地实行一切，等待机遇，永不急躁。总之，让精神于不经意间在平凡中成长。

▽ **展露精神**

放下一切对回报的关注、一切对荣誉的希望、一切对过失的恐惧，靠自身唤醒自我。最终，关闭一切感官的通路，让精神自由展露。

▽ **精神支配肉体**

以静止控制运动——动是形式或方法，静是精神或心灵。

▽ **精简内心**

砍去外在物质结构中那些非本质的东西并不困难。然而，让内在心灵更简洁质朴，那就是另一回事了。

▽ **精神是无形的**

禅学认为，精神本质上是无形的，它不会包含任何"实质目标"。一旦有什么目标藏于精神，它的能量就会失去平衡，其本性行为也会变得狭隘且不再随环境流转。当能量倾斜时，就会在某一方面投入过多，而在其他方面投入太少。投入的能量过多，就会溢出并且失控。在这种情况下，将无法应对不断变化的环境。而当处于无目的的状态（流动的无意识状态）之中时，没有任何目标滞留于精神，就不会向任何一面倾斜，它超越了主体与对象，对发生的任何事情的反应皆为"无我"。

▽ **精神训练的终点**

精神训练的终点是不驻留、不偏颇。无处即到处。当精神占据十分之一，就意味着失去了其他十分之九。让一个人训练自己，让心灵沿自我的道路前行，而非刻意将其禁锢在某处。精神就是不存在对立的"一"，没有穷尽，没有终结。

Part Three
生 活 的 艺 术
The Art of Life

　　一个聪明人从愚蠢的问题中所学到的东西,比一个傻瓜从明智的答案中学到的还多。

健康（Health）

▽ 健康是一种平衡状态

健康是一种适当的平衡，协调我们自身的一切。一个健康的人拥有良好的感觉能力（感官系统）与行动能力（肌肉系统）。因此，如果失去了感觉与行动的平衡，你就失去了动力。

▽ 食物

只吃为了保持健康所需要的食物，不要沉迷于那些对身体无益的食物。

▽ 如水般流动

促进健康的方法就像流水，流水不腐。不要过度发展，不要过度训练，而是让身体机能保持正常。

▽ **慢跑的好处**

对我而言，慢跑不只是一种运动形式，也是一种放松的形式。每日的早晨都是属于我自己的时光，我可以独自一人静静地思考。

▽ **运动的快乐**

我真的喜欢运动。每当我在早晨开始慢跑，便会神清气爽。香港是世界上最拥挤的城市之一，但我却惊喜地发现清晨的香港是如此宁静！当然路上还有其他人，但我在跑步的时候却会忘掉他们的存在。

工作（Work）

▽ **世界的现实性**

这个世界是非常现实的。你做的工作越多，得到的回报也就越多；你做的工作越少，收获的回报也就越少。

▽ **目的交换**

只有凭借什么去换取什么，不存在绝对的不劳而获。

▽ **多劳多得**

这是一个普遍法则：投入越多，回报越多。

▽ **收获来自工作**

重要的是，我自己对我的工作感到满意，如果它是一堆垃圾的话，我只会感到懊悔。

▽ **不在于工作本身,在于你如何去做**

　不在于你付出了什么,而在于你付出的方式。

▽ **回报应与工作成正比**

　如果一个人不能从工作中得到相应的益处——成正比的回报——也就不会满腔热情地去做任何事情。

▽ **强烈的欲望会为自己创造才能与机会**

　我们知道,才能可以为自己创造机会。但有时候强烈的欲望似乎不仅能为自己创造机会,还可以为自己创造才能。

▽ **创造美好生活的两种方式**

　创造美好生活的方式有两种,一种是埋头苦干工作的结果,另一种是发挥想象力(当然一样需要工作)的结果。或许你不相信,但无论做什么,我都会花一些时间去完善。

▽ **人的品德体现在工作中**

　一个人的道德价值观会影响他的工作。当他发挥了自己应有的作用,就会感到快乐。

▽ **不要在工作中违背你的原则**

　我绝不会以任何形式出卖自己去做我不相信的事。

▽ **在工作中获得幸福**

为了在工作中感到幸福，人们需要做到以下三件事：

（1）他们必须认同工作；

（2）他们不必为了工作而做得过多；

（3）他们必须在工作中感觉到成功。

▽ **要有所保留**

不要在任何一件事情上投入所有精力，要有所保留。西方谚语说"不要把你的鸡蛋放在同一个篮子里"，但这指的是物质性的事物，而我指的是情绪上的、智力上的、精神上的。我可以通过自身的生活实践来诠释我的信仰。作为一名演员，我还有许多东西要学习。我正在学习。我把自己的大部分（精力）投入其中，但不是全部。

▽ **比本职工作多做一些**

如果你想完全尽到自己的职责，就应该做得比本职工作再多一些。

质量（Quality）

▽ **尽善尽美**

我做任何事都不会半途而废，必须尽善尽美。

▽ **真诚地把事情做好**

我不会出错，因为我始终喜欢自己对质量的坚持与对做好事情的诚挚渴望。

▽ **质量是最具价值的**

与其他任何事相比，我最重视的就是质量：尽最大的努力，以"首席"的觉悟和技术全力以赴。

▽ **回报在行动中，而非行动后**

我唯一能确定的回报来自我的行动中，而不是在行动过后。至于回报的质量，体现在我对回报的反应程度，这也是我的行动所遵循的最核心的部分。

▽ 质量意义重大

从我的孩提时代直到现在,"质量"这个词对我来说意义重大。不知何故,我弄懂了质量的意义且真诚地投身其中,做出了很大牺牲,向那个方向前进;你能够确信的是,"质量"将始终在那里等你。

▽ 凡事力求完美

每一件事都力求完美,尽管大多数很难实现;然而定下这一目标并且坚持不懈的人,会比那些因怠惰与懦弱而放弃的人更加接近完美。

▽ 如果必须成为一个产品,那就成为最好的

许多时候,商业社会的人们不再是真正的人,而是一个产品、一件商品。而作为一个人,你有权利去成为一个最棒的产品,不断前进,努力工作,让商业社会的人们必须听你的。要对你自己负责,要成为自身条件所允许的最好的产品。不是最大的或最成功的,而是质量最好的——达到了这一目标,一切都会实现。

爱（Love）

▽ **爱与自我**

爱是两个人的共同自我。

▽ **真诚与爱情**

对自己、对自己所爱的人都要坦率与真诚。彼此真诚的两个人如同一个人，是彼此生命的一部分，没有傲慢、虚荣与愤怒。

▽ **爱从不迷失**

爱从不迷失。即使得不到回报，爱也会回归自己，让心灵更加柔软、纯净。

▽ **爱的缺席**

爱情对于生命来说，就像在火上烧的水，水太少一下子就烧干了，水太多又会溢出来把火扑灭。

▽ **相信爱**

我并不是不相信一见钟情，但我更相信"相看两不厌"①。

▽ **爱得深情与爱得清醒**

我的确爱得疯狂，但也足够清醒不至于像个傻瓜。爱得深情很容易；爱得清醒非常难。

▽ **青涩的爱与成熟的爱**

青涩的爱是一团火，非常漂亮、炽热、猛烈，但却肤浅、摇曳。成熟的爱是一块点着的煤，深深地燃烧却不会熄灭。

▽ **爱是一种精确的公正**

爱，继而被爱——所有的爱都是一种精确的公正，就像代数方程的两端。

---

① 原文为"taking a second look"，即"多看一眼，多见一次"的意思。此处表示作者更喜欢长久相处的爱情。

婚姻（Marriage）

▽ **婚姻是一种友谊**

婚姻是一种友谊，是牢固建立在平凡的日常琐事之上的伙伴关系。

▽ **婚姻就是一半加另一半**

我妻子和我不是一加一。我们是一个整体的两个组成部分。你要让自己融入家庭——紧密结合的两部分比独自的一个整体更有价值。

▽ **婚姻是日常生活**

婚姻就是清晨的早餐、白天的工作——丈夫有丈夫的工作，妻子有妻子的工作——和夜间的晚餐、谈心、读书、看电视。

▽ **婚姻是对孩子的关爱**

婚姻是对孩子的关爱,生病时照看他们,教育他们走正确的道路,分担他们的烦恼,分享他们的骄傲。

▽ **建立在日常生活基础上的婚姻会更长久**

我们今天所拥有的幸福,建立在婚前平凡生活的基础之上。源于平凡生活的幸福感更持久,就像煤炭一样缓慢地燃烧。而源于激情的幸福感就像焰火,很快就会熄灭。许多年轻的夫妻在恋爱时过着激情四溢的生活,当他们结婚后,生活归于平凡与平淡,他们就感到烦躁,咽下这杯婚姻酿造的苦酒。

▽ **爱从不讲条件**

琳达[1]身上最打动我的是她对我无条件的爱。她平静客观地看待我们的关系,不附加任何条件。我认为这是夫妻间应该采取的态度。例如,当我陈述一个观点时,她也会表达她的看法。当然,我们会就一些事情进行讨论,否则将很难融洽相处。

---

[1] 琳达·埃莫瑞(Linda Emery),李小龙之妻,两人于1963年正式交往,1964年步入婚姻。

▽ **谢谢你的爱**

我要感谢一个非常重要的人,一个非常优秀的人。她无私付出爱,忠诚,并且理解李小龙这个家伙,任由他过着简单自然的生活。在各自独立而又相互牵绊的成长之路上,她是我的伴侣,是让我的人生更加丰富的人,我所深爱着的女人——对我来说很幸运——她正是我的妻子。我不得不说:琳达,感谢那一天,在华盛顿大学,李小龙有幸遇到了你。

抚育孩子（Raising Children）

▽ 行为的最高标准

在对孩子的教育过程中，我一直以儒家哲学作为行为的最高标准，待人如己，忠诚与智慧，以及个人在五种主要的生活关系中的充分发展：上下级关系，父子关系，兄弟关系，夫妻关系，朋友关系。有了这种准备，我相信孩子们将来不会犯太大的错误。

▽ 管教孩子

我会和孩子一起玩耍、嬉闹，但一码归一码。当面对一件严肃的事情时，你就不要再试图避免伤害他们的感情。说你必须说的话，定你认为必须定的规矩，不必担心孩子喜欢与否。

教育（Education）

▽ **教育与创造力**

如果你自己既不聪明又缺乏创造力，那么教育的意义何在？

▽ **教育的本质**

教育在于对智慧的培养（而非狡猾、应试，等等）。

▽ **自我教育的价值**

自我教育成就伟大的人。

▽ **教育的目标**

教育要去探索发现，而非一味模仿。只学习技巧而无深刻的体验只会让人变得浅薄。

▽ **教育无须拘泥于形式**

学校有多重要呢？在华盛顿大学期间，我的成绩也就勉强及格。

▽ **吸收与积累**

重点不在于你学过多少，而在于你从所学的东西中吸收了多少——最简单有效的技巧就是最好的技巧。

教导（Teaching）

▽ **教导需要敏锐的头脑和极致的灵活性**

教师不能仅依赖于某一种理论和体系来例行训练。相反，他应该研究每一个学生并且唤醒他们去研究自身，从内在到外表，最终与自身的本性合而为一。这种因材施教，需要极具灵活性的敏锐头脑，现如今很难得。

▽ **教师指出真理，而非给予真理**

一名优秀的教师，应该指出真理，而不是给予真理。他以最简化的形式引导学生舍弃形式。此外，他还应该指出进入某种模式而不被禁锢，遵循某种原则而不被束缚的重要性。

▽ **教师不能墨守成规**

一个优秀的教师不能墨守成规。他不能强迫自己的学生去适应一种毫无生气的、早已固定的模式。

▽ **教导最大的困难**

一个优秀的教师要确保自己的学生不受教师本人的影响。教一个人技巧纯熟是很容易，但让人拥有自己独到的见解却很难。在教导中的每一刻都需要敏锐的头脑和极致的灵活性，不断调整，不断变化。

▽ **检验我所说的话**

记住，我不是教师，我只是迷途者眼前的一个路标，去往哪个方向由你自己决定。我能给你的只是一种经验，而非一个结论。所以，我所说的一切还要由你自己来进行彻底地检验。我也许能够唤起你的觉醒，帮助你发现和检验自己问题的原因与结果，但是我无法教你怎么去做，因为我不是教师，也没有任何风格体系。我不相信任何体系与理论。没有体系与理论，我又能教你什么呢？

▽ **理想的教师**

不是思考"什么"，而是思考"怎么"。教导仅仅是行动的起点。寻找方法去开发学生的思想，达到完全的觉醒，超越"是"与"非"的二元论。

▽ 教导的六个基本原则

教导的六个基本原则：

（1）受教育者的动机；

（2）让他们保持完全的注意力；

（3）提升他们的精神力量（思考）——讨论、质疑、教化；

（4）清晰地描述出他们所要学习的内容；

（5）发展其对重要性、相关意义的理解，以及对所学内容的实际应用（清晰的目标）；

（6）重复上述五个步骤，直到真正学会。

▽ 教学应是一种直接的关系

我从不相信那种庞大的、拥有众多国内外分支及从属机构的教学组织。这种组织的每一个单位都需要一定的固定体系，其结果是，该组织的学员都会习惯于依照体系而行。我相信那种面向少数人的教学，因为教学需要对每一个具体的学生进行持续的、敏锐的观察，从而建立真实的、直接的关系。

▽ 心理的不足会寻求外在的安全感

我们内心越匮乏，就越多地想要从外部来补足。

▽ 没有固定不变的教学方法

教学方法不可能一成不变。我所提供的只是针对某种特定疾病的适当药方。我只是指出一个可能的方向,再无其他。就像指向月亮的手指,不要只盯着手指,否则你会错失整个绚丽的夜空。

▽ 真诚的学生非常难得

真诚、认真的学习者是非常难得的。其中很多人只能维持五分钟的热情,还有一些人抱着不正确的目的,不幸的是,这些人绝大多数只是二流艺术家,基本上都是模仿者。

▽ 给予应有的赞许

给予应有的赞许。赞许的确能激励更多的努力及改进的渴望。要大方地、真诚地给予赞许。

幸福(Happiness)

▽ **幸福是种心理愉悦**

一个人在心理上的愉悦感就是他的幸福。这种愉悦感越强烈,幸福就越多。幸福是健康安乐的同义词。

▽ **获得幸福**

要想获得幸福,给生命以正确的引导,你必须拥有知识——如此方可思考、分析、创造。知识创造对美好的向往。因此,每一个教导者都必须掌握自己所教的知识。

▽ **简单的快乐**

我喜欢小雨。它给人一种安静祥和的感觉。我喜欢在雨中漫步,但我最喜欢的是读书。我喜欢读一切类型的书——包括小说或随笔。

▽ **真正的快乐**

真正的快乐就是要认认真真地生活，有自己的观点和立场，培养自己的兴趣爱好，有健全的性格，保持放松自如。

▽ **真正的幸运是拥有一个好配偶**

我想，当一对夫妻结婚，他们既不是进入天堂，也不是堕入地狱。他们也许会创造童话般的生活，也许会经受许多烦恼。我是一个幸运的人。我幸运，并不是因为我的电影在世界各地打破票房纪录，而是因为我有一个好妻子，琳达。她非常优秀。我为什么这样说？因为我相信夫妻间应该发展一种友谊关系。琳达和我就拥有这种友谊。我们彼此理解，就像一对好朋友。这样，我们就能快乐地共度时光。

▽ **幸福需要行动**

每个人都有获得幸福的能力，问题的关键在于行动，为获得幸福而采取行动，这就是答案。

▽ **幸福是在适当的境遇采取适当的行为**

幸福就是能够在特定的境遇中找到正确的行为——而不是一种适用于任何境遇的严格标准。

恐惧（Fear）

▽ **了解恐惧**

了解你的恐惧，是真正觉醒的开始。

▽ **智慧与恐惧**

当你不再恐惧时便会拥有智慧。

▽ **敏锐与恐惧**

如果你畏首畏尾，则不可能敏锐。

▽ **智慧与权力**

内心深处的权力游戏——权力摧毁智慧。

▽ **主动性与恐惧**

若一个人感到恐惧，便不可能产生主动性，恐惧强迫我们依附于传统、习惯、导师，诸如此类。

▽ 羞涩是对耻辱的恐惧

羞涩是对耻辱的恐惧，而耻辱来自别人的恶劣评价。

▽ 隐藏在傲慢之下的恐惧与不安

骄傲强调一个人的地位在他人眼中高人一等的重要性，而傲慢之下隐藏着恐惧与不安。因为，当一个人渴望受人尊敬，并且获得了这种地位之后，他就会自然而然地产生对失去这一地位的恐惧。于是，保护这一地位便成为他最为重要的需求，而这将会带来焦虑。

▽ 对得不到他人尊重的恐惧

内心深处的自我才是真正的自我。要了解真正的自我，就必须不依赖于他人的判断而生活。当我们达到真正的自信，就不会为没有得到他人的尊重而恐惧。

▽ 越重视外物，就越轻视自己

我们要投入全部身心让自己更加自信，绝不能让自己的幸福依赖于他人的安排。因此，我们越重视外物，就越轻视我们自己。我们越依赖于他人的尊重，就越缺乏自信。

逆境（Adversity）

▽ 逆境对我们有益
幸运总会阻碍我们检讨自己的行为，而逆境会让我们彻底地反省自身，这对我们是有益的。

▽ 逆境带来彻底的反思
在一切顺利的时候，我的思想满足于享乐、占有，等等。只有在面临困境、穷苦、灾祸时，我才会开始彻底地反思自身。这种近距离的自我审视能够提升我的思想，让我理解别人并被人理解。

▽ 愚蠢问题的价值
一个聪明人从愚蠢的问题中所学到的东西，比一个傻瓜从明智的答案中学到的还多。

▽ **永远不要在忧虑与消极思想中浪费精力**

还有谁像我一样从事着最不安定的工作？我以何为生？这是我对自己必须实现目标的坚定信心。的确，我的背伤已困扰我多年，但每一次困境都伴随着祝福，因为每一次打击都是对自我的一种提示，提醒我不要在千篇一律的平凡生活中沉沦腐朽。

▽ **焦虑**

焦虑是我们本身就具有的兴奋情绪，如果我们不能确定自己的角色——我们就会犹豫不决，心脏加速跳动，所有的兴奋不能正常运转，然后我们就开始胆怯——那么，这种兴奋情绪就会停滞，进而被抑制。焦虑就是现在和那时两种心理状况之间的裂缝。所以，如果你活在当下，就不会有焦虑，因为情绪的波动会即刻转化为静息态[①]。

▽ **焦虑是一种防卫**

不要设想灾祸，除非你有能力防范。如果我们不能把焦虑转化为防卫，那么焦虑毫无用处。

[①] 静息态又称自发性脑活动，指人类在清醒、闭眼、放松的状态下大脑的活动模式，具有许多重要的生理和心理功能，如记忆巩固、情感处理、能量保存等。

▽ **切勿为失败而羞愧**

被别人打败并不是一种耻辱,重要的是当你被打败时要问自己:"我为什么会失败?"如果一个人能如此反省,他就还有希望。

▽ **想要做自己想做之事,有时需要先做不想做之事**

要维持良好的健康,有时需要服用难以下咽的苦药。同样,要想做自己喜欢做的事,有时也需要做一些自己不喜欢做的事。我的朋友,请记住,重点不在于发生什么事,而是你会如何应对。你的心态将决定你对它的态度,是垫脚石,还是绊脚石。

▽ **悲伤如良师**

悲伤是我们最好的老师。一个人通过泪水会比通过望远镜看得更远。

▽ **愚蠢的形式**

愚蠢的形式有两种:发言或沉默。而沉默的愚蠢尚能忍受。

▽ **世界充满了制造麻烦的人**

世界充满了为达到目的而制造麻烦的人。他们想走在前面、出人头地，这样的野心对于求道之人是毫无用处的，求道者拒绝一切形式的自以为是和竞争。

▽ **困境的冲击会令你达到更高境界**

困境的冲击会使你达到更高境界，就像一场暴风雨，尽管来势汹汹，但过后所有植物都会茁壮成长。

▽ **逆境如雨季**

逆境就像雨季，让所有的人和动物都感到阴冷、难受、不愉快，但正因有了雨季，才会生长出鲜花、硕果、枣椰、玫瑰和石榴。

▽ **失败是一种教育**

失败是什么？不是别的，只是一种教育，是向更高水平迈出的第一步。

▽ **在孤独中，你是最不孤独的**

孤独只是一个独自离开、寻找自我的机会。在孤独中，你是最不孤独的，要好好利用它。

▽ **挫折的价值**

如果没有挫折，你不会发现自己或许能够独立完成一些事情。我们都是在这种冲突中成长的。

▽ **忍辱负重**

再也没有什么比忍辱负重更能让你平静地继续自己的道路了。忍耐不是消极的,相反,它在积聚力量。

▽ **当心你所信任的人**

不要轻易相信这世上的任何一个人,因为人是形形色色的。

▽ **智者能从不幸中获益**

在逆境中,最大的不幸是聪明的人未能从中吸取教训;最大的幸运是愚蠢的人没有将其变作自己的偏见。

▽ **批评家**

空脑壳,长舌头。通常情况下,那些以舌头为武器的人只能用脚去防御。

▽ **成功的路总是充满阻碍**

相信我,在每一个重大事情或成就中总是充满阻碍,或大或小,一个人面对阻碍时的反应只是他的主观认知,而并非阻碍本身。在你自己承认失败之前,世上根本没有失败这回事!

▽ 内心的抵触无法解决问题
无论喜欢与否,环境总是强加于我,一开始我的内心会变成一个斗士与之抗争,但不久便意识到我需要的不是内心的抵触和无谓的冲突(以消沉的形式),我应该与之联合,做出调整,使之完美。

▽ 切勿为你的烦恼增添忧虑
平静,超然于一切结果,随时准备战斗或逃离,胜利或失败,随时准备笑对一切,接受一切。你说你的孩子病了,或你无法支付房租,很好,接受这些事实,面对它们。难道这些问题本身还不够麻烦吗?

▽ 你无法用手使浑水变清
谁有本事让浑水变清?但只要让水静置,它自会变得清澈。可谁能保证绝对的静止?保持安静,让时间流逝,静止的状态便会逐渐稳定。

▽ 忧虑只会给你身边的一切添麻烦
一个忧心忡忡的人不仅缺乏解决自身问题的镇定,他的神经质与焦躁不安还会给身边的一切制造额外的麻烦。

▽ **学会继续前行**

为什么要给幻想的情境、真实的领域、消逝的时光（既成事实）再增加情绪或思想上的不安？做明智的、应该做的事，忘记它，继续前行。前行，看新的风景；前行，看鸟飞翔；前行，让一切留在身后，不再阻塞你体验人生的入口与出口。

冲突（Confrontation）

▽ **你可以控制冲突**

没有人能伤害你，除非你允许他这么做。

▽ **"挑战者"**

这些人的内心一定有某些问题，因为如果他们的内心健全，就不会向别人挑战。此外，这些人中的大多数发起挑战是因为他们感到不安全，希望以争斗为手段去达到某些不可知的目的。

▽ **遭遇挑战**

我已明白：遇到挑战仅仅意味着一件事，那就是你将对它做何反应？它是如何影响你的？如果你的内心深处感到安全，就会把它看得非常轻。因为你会问自己："我真的害怕那个人吗？"或"我担心被他打倒吗？"如果我没有这种怀疑,没有这种害怕,就会把它看得非常轻——正如今天大雨滂沱,而明天太阳会再次升起。

▽ **避免干扰与争抢**

杜绝一切形式的干扰。扼杀一切争抢的机会。

▽ **舍弃旁门左道**

一些旁门左道起初对你来说是友好的,但最后都会成为你的敌人。

▽ **切勿预判结果**

最大的错误就是预判争斗的结果,你不应该考虑最终孰胜孰败。

▽ **一切争端都可以通过法律途径解决**

如今,你不能在街上走来走去,随便踢人或打人了。我才不在乎你的功夫有多好。今天,每件事都可以通过法律来解决。即使你想替父报仇,也不需要去找人挑战打斗。

▽ **出人头地的需要**

在触及绝对的真实之前,任何性质的斗争都不可能得到圆满的解决。任何一方都无法影响另一方。改变这一切需要的不是中立，不是冷漠，而是出人头地。

▽ 放下幻想看世界

瞧，没有人要与你争斗，一切只是你的幻想。从幻想中醒来吧！

▽ 冲突会让人筋疲力尽

每一个冲突焦点，每一种外在的情感都既有破坏性，又分散精力。它打乱了人的自然节奏，降低人的整体效率，它比体力的损耗更让人筋疲力尽。

好的愿望（Good Will）

▽ **花点时间帮助他人**

我不是对别人置之不理的家伙。我觉得，如果能花一秒钟使人快乐，为什么不去做呢？

▽ **勿冒犯他人**

我不愿冒犯他人，也不会任人轻易冒犯。

▽ **解决与忍耐**

有些问题能停下来解决，有些则无法解决，我会选择忍耐。

▽ **真实的生活**

真实的生活是为他人而活。

▽ **注意你所说的**

病从口入，祸从口出。

▽ **帮助身边的人**

如果每个人都帮助身边的人，则每一个人都不会感到无助。

▽ **高贵的品格**

一滴水可以折射太阳的光辉，一个细节也可展示品格的高贵。

▽ **谦恭**

对待上级谦恭是一种责任，对待平级谦逊是一种礼貌，对待下级谦和是一种品德，对所有人谦虚，是周全，是安全！

▽ **真正的朋友少之又少**

真正的朋友像钻石，珍贵而稀少。虚伪的朋友像秋天的落叶，随处可见。

▽ **让友谊顺其自然**

让友谊慢慢攀升，若冲得太快，就会变得气喘吁吁。

▽ **爱与尊重**

没有尊重，爱无法长久。

▽ **精通与和谐**

精通于自己的领域，并与身边的人和谐相处。

▽ **友善与回忆**

一个人不会忘记对他表达善意的人。

梦想（Dreams）

▽ 梦想是未来的现实
昨天的梦想往往是明天的现实。

▽ 务实的梦想家
要做一个有实际行动的梦想家。

▽ 务实的梦想家从不放弃
此刻我能够把自己的想法投向未来。我能够看到自己的前景。我有梦想（务实的梦想家从不放弃）。现在的我可能除了这间狭小的地下室之外一无所有，一旦我完全展开自己的想象，就能看到自己脑海中清晰描绘的一幅景象：一间宽敞漂亮、有五六层楼的功夫馆，分支机构遍布全美各州……我不会轻易气馁，要不断克服困难，战胜挫折，实现"不可能"的目标。

▽ **梦想的碎片就是个性的碎片**

将梦想中这些不同的碎片拼合在一起,并把它们的投影——属于我们个性的碎片——重新拼合,重新拥有梦想中展现的潜能。重新拥有等同于对我们未来计划的理解。

▽ **寻回梦想之法**

寻回梦想的方法就是重温梦想,仿佛它此刻已变为现实。

道德准则（Ethics）

▽ **正确的行为**

正确的行为受理智与创造力的支配。

▽ **美好的生活是一个过程**

美好的生活是一个过程，而不是一种状态。它是一个方向，而不是一个具体的目标。当心灵可以自由地向任何一个方向奔跑，美好的生活则成为整个有机体所选择的方向。

▽ **主观与客观的价值判断**

仅限于对客观问题的判断也是客观的，而针对客观问题中涉及的个人观点的判断则是主观的。客观是实际的，主观是一种个人看法。你认为某事是错误的，与你证明、解释、检验某事是错误的，二者间有很大的区别。一个概念若阐述的是实际事物的性质（客观事物的自身本质），则此概念就是客观的。

▽ 三件最困难的事

三件最困难的事情：保守秘密；忘掉侮辱；有效利用闲暇时间。

▽ 客观标准需要知识基础

若要建立正确行为的客观标准，就必须以一定的知识作为基础。

▽ 没有"确保达到目的的伎俩"

现实中绝没有所谓"确保达到目的的伎俩"，有的只是尽力实现目标的方式。"我"即方式。"我"就是这一切的起点，当一切结束时，"我"就是我的全部。因此，脱离方式的一切目标皆为幻想，"成为"是对"真实存在"的否定。

▽ 丰富你的理解

不要轻易"确定"某事，在持续不断的发现过程中丰富你的理解，并找出更多的令自己无知的原因。

▽ **我们需要理解,而非轻易的判断**

在听到某件必须立即做出评价或判断的事情时,你该即刻做出回应还是对其整体情形加以完整地理解?

▽ **道德行为:相对和绝对的公众关系思考**

若要道德行为保持完美,就会让行为遵循某种传统的方式,无论何时何事,都要让行为遵循一种特定的方式。若将道德行为置于公众关系之中,就会使它受到各种因素的影响,如时间、地域风俗、社会及经济的需要、虔诚的信仰,等等。若将道德行为置于公众关系之中,便会使恰当的行为表达转化成为迎合大众利益的行为。若要道德行为保持完美,就会使恰当的行为表达转化为由他人来规定。

▽ **两个根本的道德问题**

关于道德,有两个根本问题:善与恶的源头在哪里?什么原因使人行善或者作恶?

▽ **贫困与和平**

如果你一无所有,你可以保持敌意,但那只是在消极中等待其他人变得更加富有。他们应该平静下来,像世界上的其他人一样渴望和平。

▽ **身为人的烦恼**

荣誉与耻辱同样令人兴奋。人的烦恼恰恰源于对自己的爱。

▽ **四条道德理论**

有四种不同的道德理论：

（1）道德客观论——善是客观的（柏拉图理论），无法进一步演绎。

（2）道德结果论——善行的原因就是它自身的结果（如功利主义），大多数人的大多数快乐（比客观主义更可信）。

（3）道德动机论——一种行为的道德性质取决于行为者的动机——只要有良好的意愿，就不会产生坏行为。（康德是动机论者，他说："不要做大众认为不合理的事情。"）

（4）道德方法论——判定一件事情的善与恶，要建立在他人评价的基础之上。

▽ **善与美的内在价值**

要重视善与美本身，不要在意它们的表现形式。

▽ **谦逊带来荣耀**

谦逊是荣耀的基础,正如平地是高山的基础。

▽ **别人会通过你的举动来评判你**

如果你表现得像个傻子,必然有人想骑在你头上。炫耀是最愚蠢的荣誉观。

▽ **关于我的个性**

实话实说,我决不会像个别人那样坏,但我也决不会说我是个圣人。

种族歧视（Racism）

▽ 人类的手足之情

如果我说"太阳底下的每一个人都是这个世界大家庭的一分子"，也许你会认为我是在夸夸其谈，是理想主义。但如果任何人至今仍然选择种族歧视，我认为他的思想太落后、太狭隘了，他还不理解人类的平等与博爱。

▽ 普天之下，四海一家

从根本上讲，世界各地的人都拥有相同的本性。我并不希望这话听起来像是"子曰、圣人云"，这个世界上只有一个大家庭。

▽ 传统是种族歧视的根源

许多人仍局限于传统之中，当老一辈人对某事说"否"的时候，其他人也会强烈地反对该事。如果老一辈人说某事是错误的，其他人也会坚信该事是错的。他们很少用自己的心去找出真相，也很少真诚地表达自己的真实感觉。一个简单的事实是，种族歧视的观点是一种传统，它只不过是老一辈人留下的"规则"而已。随着我们的成长以及时代的变迁，这一规则必须改革。

▽ **丢掉传统，不带任何偏见**

我，李小龙，从来不会遵从那些宣扬恐怖论之人的规则。所以，无论你的肤色是黑还是白，我都会不带任何偏见地与你做朋友。

适应性（Adaptability）

▽ 适应的自然状态
什么是适应？就像影子随着移动的身体而变换那样直接。

▽ 适应的重要性
不能适应就会导致毁灭。

▽ 适应是运动中的静止
静中之静，并非真正的静；只有动中有静，尘世间的韵律才会显现出来。

▽ 适应是智慧
智慧并不在于设法从恶中强求善，而是学会去"驾驭"恶，就像一块软木塞去适应水浪的波峰与波谷那样。

▽ **适应性思维**

不紧张,但做好准备;不思索,但也不幻想;不呆板僵化,保持圆融灵活。清醒而警惕,准备好应对即将发生的一切。

▽ **圆融,随机应变**

做到圆融,这样你就可以随机应变。清空你自己!敞开胸怀!杯子的用处恰恰在于它的空。

▽ **变化是无常的**

随着变化而变化正是不变的道理。

▽ **关于转换性**

运动的连贯在于它的转换性。

▽ **适应性是智慧**

有的时候智慧被定义为:一个人成功调整自己以适应外界,或调整外界以适应自己需求的能力。

▽ **顺从与存活**

中式哲学还有一点关系到全人类的共同问题。我们说:"橡树很强大,但它会被强风摧毁,因其对抗大自然的力量;竹子顺风弯曲,因弯曲而得以幸存下来。"

▽ 庖丁的寓言

有一位姓丁的优秀厨工,他年复一年地使用同一把刀,但那把刀从未失去它精密锐利的刀锋。在终生使用之后,它仍然好用如新。

当被问到他是如何保持那锐利的刀锋时,他说:"我顺应坚硬骨头的脉络,从不企图砍断它,也不打算击碎它,不以任何方式与它对抗,那样只会毁坏我的刀。"

在日常生活中,一个人必须顺应障碍的脉络,试图彻底地消灭它只会毁坏你的工具。不论其他人怎么说,障碍并不是任何一个人或任何一群人的经验。它是一种普遍的经验。

▽ 像水一样灵活适应

清空你的思想,心无杂念,没有任何形式约束,就像水一样。水有形,却又无形。它是地球上最柔软的元素,却能滴穿最坚硬的石头。

它没有自己的形状,却又可以成为任何它所在容器的形状。在杯子中,它成为杯子的形状。在花瓶中,它成为花瓶的形状,并围绕花枝盘旋。将它倒入茶壶中,它就变成茶壶的形状。请注意水的适应性,它可以缓缓流动,也可以奔腾冲击。像水一样吧,我的朋友。

水似乎在矛盾中运动,甚至可以向上运动,但它却能选择任何开放的路径奔向大海。或许奔流,或许潺潺,但它的目标是坚定的,它的命运是确定的。

哲学（Philosophy）

▽ **哲学**

哲学始终被定义为"智慧之爱"。它的目的是通过逻辑思考与推理的过程来研究事物。哲学并不关心"如何"，而是关心"是什么"和"为什么"。

▽ **学习哲学**

阅读各种各样关于人类的书籍——核心主题，风格，优势，劣势。

▽ **阅读的重要性**

阅读，专业性的阅读，是精神食粮。

▽ **哲学的乐趣**

当我进入华盛顿大学并受到哲学启迪之后，我为自己从前一切不成熟的傲慢感到羞愧。我主修的哲学课程真切地涉及我年少时的好勇斗狠。我常常问自己：胜利之后又是什么？为什么人们如此看重胜利？什么是"荣耀"？什么样的"胜利"才算"荣耀"？

▽ 哲学揭示人们活着的意义

我的导师在帮我选择课程时，他推荐我选修哲学，因为我有强烈的好奇心。他说："哲学会告诉你人为什么而活着。"

▽ 西方哲学的过程

哲学的过程是获得一切实在主题的清晰信息，但某些哲学家，比如柏拉图，把他们的焦点置于道德与伦理的范畴之内，特别地以"善"与"恶"来定论，从而建立一种人们理应为之奋斗的"理想国"。

▽ 哲学一旦沦为公开宣扬的口头禅，它就变得危险了

许多哲学家都是一类人，他们说一套，做一套，宣扬的哲学往往与其生存之道大相径庭。因此，当哲学成为某种公开宣扬的、越来越简单的东西时，它就变得危险了。

▽ **生活与理论化**

哲学并非"生活",而是一种关于理论知识的活动,许多哲学家并不亲身体验事物,而是转向与事物有关的理论,去沉思事物。沉思一件事就意味着把自己排除在事物之外,决意在事物与我们之间保持距离。

▽ **哲学的弊病**

哲学本身就是病,却自称是治疗这种病的良方:智者并不追求智慧,只是在体验自己的生活,而他的智慧也恰恰在于此。

▽ **哲学常常致力于把现实转化为问题**

在生活中,我们自然而然地接受我们通常所看到、所感觉到的全部事实,没有一丝怀疑。可是,哲学并不接受生活所相信的,而是努力把事实变成问题。比如哲学会提出这样的问题:"我眼前的这张椅子,它真的在那里吗?""它可以独立地存在吗?"就这样,哲学不是让生活依从生命,让生命变得简单,而是用无休止的问题来替代世界的宁静,让生命变得复杂。

▽ **理性主义**

理性主义与直觉主义有关。理性主义认为:理性是一种能力，它可以直观地抓住最基本的真理，并通过理性步骤和逻辑论证，从基本真理中推导出其他的原理。在不太极端的情况下，理性和理性的证据对于从感官经验中提炼或向感官经验传授普遍的必然规律是必要的。

▽ **经验主义**

经验主义强调经验在知识中的重要性。最近，经验主义者在知识结构中赋予理性很重要的位置，强化了科学方法（理论化、精确化、概念化以及实验步骤）与简单感觉的鲜明对比。他们强调的是科学中的试验性、假设性、自我矫正性。

▽ **存在主义**

存在主义主张废除概念，并遵循现象学的认知原理。当前，存在主义哲学的障碍是它需要从别的地方寻求支持。如果你观察存在主义者，他们声称他们是无概念的，而如果你再深入观察一下这些人，他们都在从其他来源中借用概念。

Part Four
迈入自由之门
Stepping into Freedom

当你的眼睛里有一粒尘埃，世界就会变成一条狭窄的小路——让你的思想从事物中完全自由——生命将会得到更广阔的发展！

体系（System）

▽ **拘泥于形式便不可能进步**

拘泥于形式将成为进步的障碍，任何事都是如此，包括哲学。每个学说流派的创立者都较常人更具独创性。可是，如果他的成果不能被具有同样独创性的弟子们传承发展，则只会变得形式化，陷入死胡同，也因此几乎不可能突破与进步了。

▽ **愚昧的追随者会把真理变为坟墓**

（一种派别或理论）的创立者或许会揭示一部分真理，但是随着时光流逝，特别是在创立者去世之后，这部分片面的真理就会变为一种法则，或者更糟糕地成为反对"其他"派别的偏见。为了把这部分知识代代传承下去，各种各样的反应必须被组织、分类，按照逻辑顺序来展现。于是，原本由创立者从自己的个人洞察力出发所获得的技巧，现在却成了固化的知识,成了包治百病的灵丹妙药。这样一来,追随者不仅把这些知识变成神圣的殿堂,而且将其化为坟墓,把创立者的智慧深深埋葬。由于上述的组织性与维持性,其手段变得极为精巧,吸引了人们极大的关注,而它的目的却逐渐被淡忘了。追随者便会把"组织化的内容"当作完整的事实来接受。当然,还会有更多的"不同"方法继续涌现,或许会成为"其他真理"的直接代表。但很快这些方法同样会成为巨大的组织体系,以达到排斥他人、独占"真理"的需要。

▽ **没有形式的形式**

虚与实是无法设定与说明的,当虚实变化的观念消失之后,一个人便掌握了没有形式的形式。若依赖于形式,心存执念,那并非真正的道路。一旦超越了技巧,便会于山重水复中现出道路。

▽ **这不是简单的否定**

不要把否定传统方法作为下意识的反应,那样你只会创造出另一个限制自己的形式。

▽ **纪念曾经活跃的人**

一座墓碑,纪念一位曾经活跃的人——他已被系统化的绝望所挤压和扭曲。

▽ 信仰的问题

信仰使人受约束,信仰使人被孤立。一种既定的风格,一种束缚的枷锁,使人受奴役、受限制。它永远不会容纳新的、鲜活的、尚未创造的东西。方法摧毁了鲜活、新颖、自然的发现。

▽ 方法阻塞了真正的感觉

当真正的感情如愤怒、恐惧等发生时,一个人会采用某种传统的方法来"表达",还是仅仅听着自己内心的嘶吼,机械地执行自己的日常工作?

▽ 模式的奴隶

因为一个人不愿被扰乱心神,不愿处于不确定的状态之中,他便建立了某种行为模式、思想模式、人际关系模式,等等。于是他便成为模式的奴隶,将其当作真实的事物。

▽ 方法在知识之路上设置障碍

这是一个在各个时代不断重复的谬误——当真理成为一种法则或信仰时,就会在知识之路上设置障碍。方法本质上是无知的,它将真理禁锢,形成恶性循环。我们应该打破这一恶性循环,但不是通过寻求知识,而是通过发现无知的原因。

▽ 教条阻碍我们真正去观察

当我们选择某种立场、建立某种教条时,感官上的观察就会减弱,然后终将被遗忘。而当观察对象就在眼前时,任何途径和方式都是没有意义或没有用处的。

▽ 传统的本质

传统等于头脑中习惯性的机械体系。

▽ 传统束缚了思想

经典方法使传统思想成为奴隶——你不再是一个独立的个体,只是一个产品。你的思想成为千万个昨天产生的结果。

▽ 个人比体系更重要

个人是最重要的,而非体系。记住,是人创造了方法,而非方法创造了人。不要强迫自己、扭曲自己去适应他人先入为主的模式,那个模式只适用于他自己,对你而言却毫无必要。

▽ **真理在一切固定的形式之外**

一切固定的形式均无适应能力,均是固化的。真理在一切固定的形式之外。

▽ **当你超越体系时,自由的表达便会出现**

当你舍弃一切固定的形式,真实的观察便会开始;当你超越体系时,自由的表达便会出现。风格只是你自身倾向的一种特定反应。

▽ **以无法为有法**

一个人在持续不断地成长,当他被某种理念的固定形式或某种行事之"法"所限制,也就停止了成长。

▽ **以无限为有限**

以无法为有法。一旦有了"方法",便有了限制。哪里有了界限,哪里就有了障碍。一旦有了障碍,便会产生腐朽。一旦产生腐朽,便毫无生气了。

▽ **不要让你自己局限于一种方法**

世上存在着不同的方法,你可知道?每个人都不能局限于任何一种方法之中。我们必须靠自己去探索——我们总是处于学习的过程之中,而"风格"(或体系)却是终止、确定、固化之物。你不能局限于其中,因为每一天你都在成长。

▽ **选定的方法禁锢思想**

一种事先选定的方法,会将思想固定在一种模式之内。选定的方法滋生抵触情绪,有了抵触情绪,就不会存在理解。一个因循守旧的思想绝非自由的思想。任何技法,无论多么有价值、多么有用,一旦沉迷其中,就会成为一种弊病。

▽ **创造性的个体比任何体系都更重要**

人,鲜活的生物,创造性的个体,总是比任何确定的风格及体系更重要。

▽ **恪守经典者是传统的奴隶**

恪守经典者只是被常规程序、理念及传统惯例所束缚捆绑。当他行动时,他在用陈旧的措辞诠释每一个鲜活的瞬间。

▽ **有组织的机构生产概念的囚徒**

我不再对体系与组织感兴趣。有组织的机构总是生产出具有系统化概念的模式化囚徒,而生产者本人则被常规所固定。当然,更糟糕的是,强迫成员去适应毫无生气的预定计划,全然阻止了他们的自然成长。

▽ **不要给充满活力的事物套上框架**

对于充满活力的事物,我们怎么能设计方法和体系呢?对于静止的、一成不变的、死亡的东西,我们能找到对应的方法,找到一条清晰的道路,但对于有生命力的东西却不行。不要把活生生的现实固定为静止的东西,然后发明能阐明这类事物的各种方法。

超然（Detachment）

▽ 在虚空中流动，一无障碍
你所获得的一切知识和技巧，最终都将被"遗忘"，如此方可在虚空中流动，一无障碍，舒适从容。

▽ 看清事物的本来面目
看清事物的本来面目，而不依恋于任何事物——无意即意味着头脑中不再有任何复杂关系与过往经验——当你对任何事物都不再固守执着——便不会再受限制。这便是生命的根本。

▽ 消除一切精神障碍
一个人若要真正成为掌握技术知识的主人，就必须消除一切精神障碍，使头脑处于空（流动）的状态，甚至忘却他所获得的一切技术知识——不做任何有意识的努力。

▽ **空的力量**

你无法伤害无形之物。最柔软的东西无法被折断,空无法被限制。

▽ **超然于积极与消极**

"欲望"是一种执着。"无欲"也是一种执着。那么,不执着就意味着同时从积极和消极的叙述中摆脱出来。换言之,它可以同时既是"对"又是"错",尽管在理性上这是荒谬的。

▽ **超然的艺术**

超然的艺术就是放弃思考,仿佛不曾放弃。观察技巧,仿佛不曾观察。

▽ **正视问题方能摆脱问题**

让你自己与疾病同行,同在,同伴,这就是摆脱疾病的方法。

▽ **执着会阻碍成长**

紧张,从此刻到彼时。人们执着于某种一致性。这种执着阻碍了成长。

无念（No-mindedness）

▽ 无念即无定

无念并非排斥一切情绪的空白心境，也不是单纯的冷漠和平静。尽管平静和冷静是必要的，但不必刻意去建立一种"无念"法则。为思想下定义就意味着让它冻结。当思想停止了它所需要的自由流动，便不再是保持本性的思想了。

▽ 无念是没有阻碍的感觉

无念并非没有感情与感觉，而是让感觉自由不停滞、不受阻碍。它不受情绪的影响，"就像一条河，一切都在不停地流动，没有停止，也没有停滞"。无念对整个头脑的运用就好像我们对眼睛的使用，我们用眼睛去观看大量的事物，却不需要刻意地努力。

▽ **不曾固定的思想是流动的思想**

不被固定、没有束缚的思想，永不停止，持续流动，对限制与荣耀全然不加理会。不要试图让思想停顿在任何地方，要让它充满整个身体，在你的生命中自由流转。正如阿伦·瓦兹[①]所说，无念是"一种整体的状态，思想在其中自由运动，不受其他思想或自我意识的影响"。他的意思是，让思想自然地思考，一个人的内心不再有另外一个思考，也没有自我意识与思想发生冲突。

▽ **无念是思想的自然过程**

只要思想在想它所想，就不需要再对放下做任何努力，而不再对放下做任何努力，也就不再有孤立的思考者。没有任何事要去特别努力，不论发生什么都可接受，甚至包括"不接受"在内。

▽ **无念是实行**

"无见"与"无意"并不是放弃而是实行。不分主体与对象的观察方为"纯粹的观察"。

[①] 阿伦·瓦兹（Alan Watts, 1915—1973），美国禅学家，著有《心之道》《冥想的艺术》等，其思想和理念曾对李小龙产生很大影响。

▽ 无念是"平常心"的流转

"永不停止"的思想是流转的,也是"空灵"的,或被称为"平常心"。专心于某事则意味着全神贯注,无暇他顾。想要清空心中所思就要以其他思想来替代。那么,该做什么?什么也不做!不做解决、不事化解——不惊不乱——只不过是平常的思想,根本没什么特别的。

▽ 无念能让人达到空灵

我必须放弃强迫、指挥和扼杀外在与内在世界的欲望,以达到完全的开放、负责、觉悟、鲜活。这通常被称为"使人空灵"——它并不意味着消极,而是指开放性地接受。

▽ 顿悟

顿悟不是自我实现,而是超越主客二分的纯粹实现。

▽ 不动心的顿悟

不动心的顿悟实际上并不是说纹丝不动、麻木不仁,反而是指此刻心灵被赋予无限的活动空间。

▽ 不动心的顿悟可以摧毁幻想

不动心的顿悟可以摧毁幻想。"不动"的意思是不要被所见到的事物分心,不要停止思考。

▽ **心境是一种终极现实**

心境是一种终极现实，它意识到自身的存在，却不是我们经验意识的中心——是"处于"一种心境，而不是"拥有"一种心境（无心和不动心，眼里无形和心中有形，是有区别的）。

禅宗（Zen Buddhism）

▽ 禅并非形而上学（玄学）

形而上学的罗网将生命困于其中，禅希望将其从这种无意义的努力中解脱出来，而不是单纯地生活在其中。

▽ 关于敬茶的寓言

一次，有一名学者拜访一位禅师，欲求问禅学。

当禅师讲话时，学者总是频频打断他："哦，对，我知道。"

最后，禅师停止了谈话，开始为学者敬茶。

然而，在茶水倒满杯子、开始溢出之后，禅师仍然继续往里倒茶。

"满了！杯子里再也盛不下更多茶水了！"学者阻止道。

"我当然知道，"禅师回答说，"但如果你不先清空你的杯子，又怎么可能尝到我的茶呢？"

▽ **禅之主张**

一种主张,只有当它本身即为事实而非根据其主张之事得来的时候,方可为禅。

▽ **禅揭示了一个既没有问题也没有解决方法的世界**

禅展现给我们的,是人在世间无处可去,没有可以解忧的酒馆,没有可以赎罪的监牢。所以,禅并未告诉我们问题出在哪里,禅所强调的是,全部问题恰恰在于我们并没有意识到世界没有什么问题。当然,这也意味着没有什么解决办法。

▽ **禅,没有崇拜的偶像**

禅使心灵获得解放,不再受某种想象中的精神"对象"所奴役,这种精神"对象"极容易被具体化,变作被崇拜的偶像,用以迷惑信徒。

▽ **般若(智慧)**

般若不是自我的实现,而是超越了主体与客体的、纯粹而简单的实现。[1]

---

[1] 这里是指达到"物我两忘"的境界。

▽ 超越因果报应

超越因果报应的道路,在于心灵与意志的正当运用。

▽ 佛法无须费力

在佛法中,没有什么是要特别费力的。一切平常,毫无特别。吃饭,大小便,累了就躺下。无知者会笑我,而智者自会知我。

▽ 佛家的八重路

修正错误的价值,获得生命的真知,从而消解苦难,需由以下八要:

(1)首先,必须看清何为错误;

(2)其次,决定被治愈;

(3)必须行动;

(4)言行符合被治愈的目标;

(5)你的生计不得与治疗相冲突;

(6)治疗必须以"匀速"前进,一种持续不变的必要速度;

(7)必须不间断地思索与感受;

(8)学会如何以深邃的思想思考。

或者:

（1）正视（理解）；

（2）正志（志向）；

（3）正言；

（4）正行；

（5）正业（职业）；

（6）正果；

（7）正觉，或思想控制；

（8）正心，或冥想。

守中（On Being Centered）

▽ 紧守核心

我们是旋涡，旋涡的中心是一个永恒静止的点，却能以旋风或龙卷风（其中心也是静止的）的方式从核心向四周不断加速。核心即现实，而旋涡则是一种多维力场的现象——要紧守核心。

▽ 不动

能量集中特定的一点——正如汽车的驱动轴与其分配动力的车轮一样。

▽ 运动中的静止

我在移动着，又全然未动。我就像波涛翻滚中的月，不停地摇摆起伏着。

自由（Freedom）

▽ **自由**

自由就是感觉不到外在的约束，而不自由是感觉不到外在约束的存在。不同的人以不同的方式感受自由。因此，自由存在于不同的程度之中。问题应该是："我们拥有多大程度上的自由？"

▽ **有方法的地方就没有自由**

复杂的、限制性的方法越多，一个人对自由的原始感受的表达机会就越少。

▽ **自由无法预想**

自由是无法被预想的。要实现自由，就须有觉醒的思想、充满能量的思想、具备直接感知能力的思想，它无须培训的过程，也不去预想那需要逐步实现的结果。预想会减少机动性，无法适应每一次变化。对此，许多人会问："我怎样才能获得这种不受限制的自由？"我无法回答你，因为那答案将成为一种过程。虽然我能说出它不是什么，但无法告诉你它是什么。我的朋友，你必须亲自去发现一切，因为除了自助之外再无帮助。

▽ **"获得"自由**

谁说我们必须"获得"自由？自由始终与我们同在，它无须通过遵循某种特定法则才可获得。我们不必"成为"，我们就"是"。

▽ **使自己自由**

欲使自己自由，便须切近地观察你的日常实践。勿批评，勿赞许，仅仅是观察。

▽ **在自由中表达**

欲自由地表达你自己，必须让昨天的一切死去。如果你遵循传统的模式，你就只能理解惯例与传统，不会理解你自己。

▽ **限制自由之物**

如果你拥有以下两点，便将失去自由：自私自利或走进纪律的围墙。

▽ **理解这样一种自由**

理解这样一种自由：摆脱千篇一律的风格。

▽ **个人表达必须是自由的**

个人表达必须是自由的。这一解放的真理只有通过亲身体验才会成为现实，并且存在于个人的本性生活之中。

▽ **自由不问过去**

想要自由地实现你自己，就必须让昨天的一切死去。

▽ **超越对与错**

当对与错不存在，自由便会出现。

▽ **自由与智慧**

真正的自由是智慧的结晶。

▽ **自由是了解自我**

自由存在于对自己每时每刻的了解之中。

冥想（Meditation）

▽ 冥想并非内省

冥想并非一种内省的技巧，并非用来排斥外在世界，消解困惑思想，安静地坐在那里清空头脑中的映像，或集中于你精神本质的纯静。禅并非"内省"与"消除"的神秘主义。它不是一种"习惯性的沉思"。若以为这种洞察力是一种由心灵净化过程中获得的主观经验，那将注定大错特错、荒谬无比——正如"擦拭心镜的禅"[1]。

▽ 从内心深处停止

在这一刻，从内心深处停止——当你从内心深处、从

---

[1] "擦拭心镜的禅"出自一则著名的典故。唐代北宗禅创始人神秀，与佛教禅宗祖师慧能（尊称六祖慧能）对话。神秀说："身是菩提树，心如明镜台。时时勤拂拭，勿使惹尘埃。"六祖慧能则说："菩提本无树，明镜亦非台。本来无一物，何处惹尘埃。"这句话将心比作镜，讲觉悟与智慧的道理。

精神上停止下来，你的心灵会变得非常宁静，非常清澈，然后你便可真正看清"此事"。

▽ 冥想即启迪

勿将冥想作为一种方法（静虑①），与作为一种结果的启迪（般若）相分离——二者是不可分的，在一切行为中将静虑与般若合为一体，禅即在其中。

▽ 启迪即知识

启迪与人们通常所说的知识并无差别，因为对后来者而言，求知者与其所求的知识之间存在着差异，但是对创立者而言，并不存在这样的差异。

▽ 冥想引发心灵思考

在修炼完成之后，一个人的思想继续与其所感知的事物分离，他仍然沉迷于没有感知的感知之中。

▽ 真正的冥想置你于当下

禅无法由"擦拭心镜"般的冥想来"获得"，只能由

---

① "静虑"在这里指禅定，即在坐禅时保持心绪专注于一境，进行冥想和深入思考。

"此时此地关于生命存在的忘我状态"而引致。我们不是"成为",我们就"是"。不要努力"成为",而要即"是"。

▽ **冥想无目的**

简单的心灵是运行着、思考着并感觉着的,全无动机。一旦有了动机,便有了教化的方式、方法、体系。对结果和目标的渴望带来动机,为了达到目标,便产生了方式与道路。冥想是心灵脱离了一切动机之后的自由。

▽ **冥想无须精神上的努力**

精神上所做的任何努力都会更加限制精神,因为努力意味着为某目标而奋斗,当你眼中有了目标、企图、结果,你就为心灵增加了限制,并将试图以这受限的心灵来冥想。

▽ **冥想并非集中**

冥想绝不是一个集中思想的过程,因为思考的最高形式是否定。否定不是肯定的对立,而是一种境界,在此境界中,既没有肯定,也没有以否定作为对肯定的反应。这是完全虚空的境界。

▽ **冥想意味着内在的从容**

冥想意味着达到一个人本性中的沉着冷静。冥想意味着从一切现象中得以自由,沉静意味着内在的从容。当一个人从外部世界中得以自由、再无不安之后,沉静即产生了。

▽ **冥想与心灵**

冥想能使心灵解除所有的动机和欲望。

动机（Motivation）

▽ 思想决定结果
每一个人——无论是谁，无论身处何地——从小都必须知道，如果已经发生的事情未曾被人想起，就如同它不曾发生一样。重要的不是我们的生命中发生了什么事，而是我们对发生的事做出什么样的反应。对于失败，也是被你思想所承认的。

▽ 问题存在于对痛苦的预想中
痛苦本身对感官的折磨要远远小于人对痛苦的预想。

▽ 痛苦主要是自己制造的
快乐和痛苦是正确思想和错误思想的果实。特别是痛苦，大部分是自己制造的。我们从来没有如预想的那般幸福或不幸。超脱一点，按照道家思想来说，痛苦与快乐是一体的!

▽ **失败是一种思想状态**
　　失败是一种思想状态；在把失败作为事实接受之前，没有人会真正地失败。

▽ **失败是暂时的**
　　对于我来说，任何一次失败都仅仅是暂时的，它对我的惩罚是一种强烈的欲望：以更大的努力去达到目标。失败只不过是告诉我做错了某些事，它是通向成功与真理的道路。

▽ **切勿浪费精力**
　　永远不要为忧虑或消极的想法而浪费精力。所有问题都将存在——放下它们。

▽ **成为你所想的**
　　你习惯性所想象的，将在很大程度上决定你最终所成为的。

▽ **灰心就是失败**
　　成功和失败都不是真正发生的事，而是对人的内心所

产生的作用。除非他自己心灰意冷,否则没有人会失败。

▽ **了解麻烦与灾难之间的区别**

意识到这只是个麻烦,而不是一场灾难,只有一点点不愉快,这是你回归自我的一部分,是觉醒的一部分。

▽ **绊脚石与垫脚石**

你希望把障碍变成垫脚石,还是由于你在不知不觉中让消极、忧虑、恐惧等情绪控制了你,从而变成了绊脚石?

▽ **改变是由内而外的**

我们要从转变自己的态度开始,而非改变外在的情形。

▽ **拒绝一蹶不振**

在中国的商店里有一种不倒翁,类似你们那里的一种小丑玩具,它揭示了一个道理:"跌倒九次,就要在第十次站起来。"记住:拒绝一蹶不振。

▽ **选择积极**

自己做选择——你是自己态度的主人——选择积极的、建设性的。乐观主义是通往成功的信念。

▽ 停止消极的内心唠叨

如果你认为一件事是不可能的,你就会把它变成不可能。悲观主义会钝化你成功所需的工具。

▽ 消极思考

消极思考与积极思考不是相对立的。作为一种消极思考方式,它既没有正面的东西,也没有反面的东西。它是一种完全"空"的状态。

▽ 清空你的思想,拓展你的生命

当你的眼睛里有一粒尘埃,世界就会变成一条狭窄的小路——让你的思想从事物中完全自由——生命将会得到更广阔的发展!

目标（Goals）

▽ **目标赋予生命本质**

为实现某个目标而奋斗，就能赋予你的生命以意义和本质。

▽ **目标并不一定意味着要达到**

目标并不一定意味着要达到，它往往只是提供一个努力的方向。

▽ **实现目标的第一法则**

知道自己想要什么。我知道自己的理念是正确的，因此，结果也将会令我满意。我其实并不担心回报，而是要启动回报的机制。我的付出将会成为衡量回报与成功的标准。当你向一池湖水中扔入一块小石子，它会激起一连串的涟漪，涟漪会扩散至整个池塘。如果我为自己的理念制订明确的行动计划，就一定会产生同样的效果。

▽ **三个问题**

去实现你的努力所能达到的目标。对我来说，这已成为每时每刻最适当的追求。我不断地问自己："李小龙，这是什么？""它是否真实？""你是否真的需要它？"

▽ **刻意迷恋某一技术是一种病态**

刻意迷恋某一技术是一种病态，不管这种技术多么有价值。

▽ **无须害怕失败**

失败并不可耻，低级的目标才是可耻的。在伟大的尝试中，即使失败也是光荣的。

▽ **思想即物质**

思想即物质，在此意义上，思想可以转化为与自身等价的物质。

▽ **以明确的目标来整合思想**

我现在开始赞同一句老话："他能做到，是因为他觉得自己能做到。"我相信任何人都可以认为自己能达到目标，如果他能够把明确的目标、不懈的坚持、燃烧的欲望在心中合为一体，使其转化为现实。

▽ 日常进步

每一天都向着你的目标至少迈出明确的一步。

▽ 未来会带给你幸福

过去已是历史，只有未来才会给你幸福。所以，每个人都必须为自己的未来做好准备，并且创造自己的未来。

▽ 每一步都更接近目标

我们对生命的掌控与保险箱的密码别无二致，只转一次旋钮是打不开保险箱的。每一次前进或后退都更接近我们的目标。

▽ 态度决定高度

你永远不可能超出你所期望的生命。每个人的今天都是他昨天认知的结果。

▽ 永远瞄准你的目标

让你的思想集中于你想要的，不去理会你不想要的。

信念(Faith)

▽ **信念与怀疑**

我尊重信念,但怀疑却能让你接受教导。

▽ **依照信念去行动**

没有行动的信念是死的。

▽ **应用信念**

有行动支持的信念才是有用的信念。

▽ **信念的力量**

有信念支持的思考会战胜一切阻碍。

▽ **对自己的信念**

我依赖什么生活?我对自己能力的信念,我会成功。

信念让一个人实现头脑中所设想和相信的事情成为可能。众所周知，一个人最终会相信他不断重复说给自己听的事情，不管是真是假。如果一个人一遍又一遍地重复一个谎言，他最终会把这谎言当作真理来接受，甚至他会相信这谎言就是真理。每个人都会因占据自己头脑中的主要思想而成为那个样子的他。

▽ 信念是一种思想状态
信念是一种思想状态，可以通过自我训练来达到。信念是可以实现的。

▽ 培养信念
信念可以通过确认或重复指令对潜意识进行自我暗示，从而得以引导和建立。这是唯一可知的主动培养信念的方法。

▽ 信念与理性
当理性显得如此荒芜，我不能也不会"嘲笑"信念。

▽ 信念支撑灵魂
信念是灵魂的支柱，一个人的目标可以由此转化为相应的现实。

唯条件论（Conditionalism）

▽ **个体与"理应如此"**

作为一个独立的个体，你为什么要依靠数千年的宣传呢？理想、原则、"理应如此"会导致人虚伪。

▽ **获得"新生"**

放弃、解脱内心的枷锁。受条件限制的思想绝非自由的思想。抹掉并化解全部的经验，而后"重生"。

▽ **切勿令思想受到唯条件论的荼毒**

你觉醒的意识越强，每天学到的东西就越多，如此你的头脑才会始终新鲜，不被唯条件论所荼毒。

▽ **消除一切心理障碍**

为了最大限度展示其本能的心理活动，须得消除一切心理障碍。

▽ 放下你内心的抵触
你究竟是一个具有连贯性的独立存在,能够随外部环境变化而延续,还是在忍受自己既定的选择模式?

▽ 真理在一切既定形式之外
教条会使人局限于特定体系的框架之内。一切僵化的既定形式都不具备适应力。真理在一切既定形式之外。

▽ 分秒必争,焕然一新
我们生活在陈词滥调之中,生活在模式化的行为之中。我们一遍又一遍地扮演同样的角色。要提升我们的潜能,就要分秒必争,焕然一新地生活和回顾。

▽ 一个人必须摒弃自己的唯条件论
一个人必须不受唯条件论的影响,摆脱自身束缚,才能觉察到全新的事物。因为现实每时每刻都在变化,甚至是在我提到它的时候。

Part Five 我的独白
Monologue

习武是我的选择，演员是我的职业。虽然我在生活中主要扮演这两个角色，但我最希望的是能实现自我，成为一个生活的艺术家。

成功（Success）

▽ 成功的定义
成功意味着真诚地、全心全意地做某件事，而且你有义务帮助其他人达到目标。

▽ 成功的永恒不变的条件
目标就是成功的永恒不变的条件。

▽ 保持成功心态
或许人们会说我太在意成功了，其实不然。成功属于那些具备成功心态的人。如果你都没有瞄准目标，怎么可能实现目标呢？

▽ 成功的三个关键
坚持，坚持，再坚持。通过每日的练习可以创造和维持力量——继续努力。

▽ **成功不是幸运**

我不相信纯粹的幸运。幸运必须由你自己创造。你必须察觉到自己周围的机会并且善加利用。

▽ **成功就是当准备遇到机会**

机会也许会走向你,也许不会。幸运也许会走向你,也许不会。但如果它们走向你——你称之为幸运的话——你最好已经做好了准备。

▽ **成功使简单变得复杂**

对许多人来说,"成功"似乎就是天堂,但如今我身处其中,除了周围那些环境使我的先天感觉从简单、私密变得复杂之外没有别的了。

▽ **爬上成功的梯子是一个幻想**

对于(沿着成功的梯子)向上爬的想法,我认为那是非常荒谬可笑的:那只是一个幻想。仅仅坐在那里空想将会一无所获。即使在今天我已经成功了,我仍然要继续探索我自己,但我能否"爬得再高一点"依然是个幻想。

▽ **成功的代价**

一个人若想成功，就需要学会如何战斗、努力、忍耐。你将从生活中获得许多，如果你已准备好为了收获而去源源不断地付出。

▽ **成功的最大弊端**

成功的最大弊端是失去你的隐私。这挺讽刺的，我们都在努力变得富有且声名显赫，但当你实现之后，就不那么尽如人意了。

▽ **成功不是目的**

记住，成功是一个旅程，不是目的。相信你的能力。你一定会做得很棒。

金钱（Money）

▽ 金钱的本性
金钱本身没有确切的本性。人们想让它是什么，它就是什么。

▽ 金钱是手段，不是结果
必须尽早教给孩子：金钱只是手段，是使用价值的一种形式、一种工具。和所有的工具一样，它有特定的用途，但不是万能的。一个人必须学会如何使用它，它能做什么，最重要的是，它不能做什么。

▽ 金钱是个间接问题
我认为金钱是个间接问题。直接问题是你的能力或你打算如何去做。当直接问题得到解决时，间接问题也就随之而来了。

▽ **正确看待金钱**

的确，金钱在供养家庭、购买所需等方面非常重要，但它不是万能的。

▽ **好时光不会一直持续**

我受益于父亲的金钱哲学。他曾对我说："如果你今天得到了10美元，一定要提醒自己或许明天只有5美元——所以要做好准备。"

恭维（Flattery）

▽ **（自我意识的）两大弊病**

骑着毛驴找毛驴；骑上毛驴就不愿下来。

▽ **警惕一直说"是"的人**

你知道，有太多的人一直对你说："是的，是的，是的。"因此，除非你真正地了解生活是什么，这样在游戏发生时你就会立即意识到那只不过是一场游戏——美妙的游戏而已。但是大多数人宁愿对此视而不见，因为谎言重复许多次之后，你也会开始相信它。

▽ **（过度自我意识的）六大弊病**

（1）渴望胜利；

（2）渴望依赖于花哨的技术；

（3）渴望展示所学到的一切；

（4）渴望威慑敌人；

（5）渴望扮演指定的角色；

（6）渴望摆脱一切可能染上的弊病。

▽ 虚伪的征求意见者

提出建议或征求意见，是世上最缺乏诚意的事情。当一个人向他的朋友征求不同看法时，他其实是期望让对方赞成自己的观点，并且让对方为他的行为分担责任。而对方也会按照他的预期，以虚伪的热情给他以信心。实际上，提供建议的人真正想要的只是自己的利益和一个好名声而已。当有人向你征求意见时，他通常是想得到你的赞扬。

自我认识（Self-Knowledge）

▽ **了解自己**

这肯定比你想象的晚！要去了解你自己！

▽ **了解自己与智慧**

智慧即对自己的了解。

▽ **首先要看清自己**

只有能够看清自己的时候，我们才能够看清别人。

▽ **了解自己才是真正的掌握**

真正的掌握超越一切精巧的艺术。它源于对自我的掌握——通过自我修炼达到平静，完全地觉醒，达到自我与环境的完全和谐。这样，也只有这样，一个人才能了解他自己。

▽ **了解自己是生活的任务**

只要我们仍活着,就必须发现自己,了解自己,表达自己。

▽ **了解自己,通向自由之路**

自由,每时每刻都存在于自我了解之中。

▽ **了解自己包括与他人的关系**

了解自己,就是在与别人交往的过程中研究自己。关系也是一个表露自己的过程。关系是一面镜子,你可以从中发现自己——做自己即同别人建立关系。

▽ **找到你的本性,并控制它**

为了控制自己,我必须首先接受自己,不对抗自己的天性。每个人都应思考自己。对高个子适用的方法,对矮个子未必适用;对慢性子适用的方法,对急性子未必适用。每个人都要了解自己的优势与劣势。

▽ **找到你的不满**

如果你在与他人的交往中感到困难,找到你的不满。不论何时,如果你感到内疚,就找出你不满的原因,并且表达出来,把你的要求讲清楚。

▽ **关注内在的自我**

追寻快乐会使人精神发狂。热爱财富会使人行为反常。智者关注内在的自己,而非外在的物象。

▽ **内在的答案**

无须建立严格的规则和支离割裂的思想,我们应注视自己的内在,去看清自己的问题所在,看清自己无知的原因。你知道,一切类型的知识最终都指向对自己的认知。你必须亲自寻找事实真相,直接亲自体验每时每刻的细节。

▽ **学会真正地看**

我们都有一双眼睛,但大多数人却不曾真正地看清这世界的真义。我必须说,当我们用双眼去观察其他人不可避免的错误时,大多数人都能迅速、轻易地提出批评。真正地看,是不加任何选择地去感受、去了解,去获得新的发现,而发现是发掘我们潜力的一种手段。

▽ **自知之明的解放特质**

当你用自己觉醒的双眼去审视自己的生命,你就会增加对自己的了解(换句话说,你会更加清楚自己身心两方面的能力），而对自己之外的任何事情的了解都是非常肤浅的。换言之，自知之明是解放自己的特质。

▽ 问题的需要

我知道，我们都认为自己是聪明的动物，但我不知道，自从我们拥有了学习的能力之后，我们中有多少人曾经对强加于我们的既成事实与真理有过自己的质疑和检查？

▽ 卓越

我已从实现自我形象转变为实现自我，从盲目地迷信宣传、迷信组织化的"真理"转变为向内在寻找自己无知的原因。

▽ 批评别人比了解自己更容易

批评别人，从精神上打击别人很容易，但了解自己却需要一生的时间。为自己的行为负责——无论好与坏——都很不容易。一切知识最终都指向自我认知。

▽ 一个人最糟糕的情况

一个人最糟糕的情况就是不了解自己。我初次成名，是在1965年出演系列剧《青蜂侠》的时候。当我环顾四周，看到很多的人。我看着自己，仿佛只是个机器人。因为我不再做我自己，而试着去寻求外部的安全感、外部的技巧：如何挥动手臂，如何去移动——但从来不曾去问：假如——假如——是我自己要做这些事的话，我，李小龙，将会怎样去做？

▽ 不断地剥离自己

我的一生似乎就是不断自我反省的一生：日复一日、一点一滴地剥离自我。作为一个"人"，对我来说变得越来越简单，我也越来越了解自己。问题呈现得越来越多，我也看得越来越清晰。发展已经发展过的自己并不是什么问题，但重拾已被遗忘的自己却没那么容易。尽管它始终与我们同在、同行，从未丢失、扭曲，除了我们被误导的行为之外。

▽ 社会尊重与自我尊重

来自他人的社会尊重与自我尊重，哪一个更好？重视事物与重视自己，哪一个更好？拥有更多与得到更少，哪一个更糟？你拥有的越多，必须付出的也就越多。你重视事物越多，重视自己就越少。你依赖于他人的尊重越多，依赖于自己的信心就越少。

自我帮助（Self-Help）

▽ **没有外在的帮助**

想求助他人来解决你自己的问题，而非求助自己，这本身就是问题。我可以告诉你一万种我的解决方法，但那只是我的方法，不是你的。个人的问题只能由个人自己来解答，从我的讲述中你无法获得任何实际的帮助。

▽ **唯有自我帮助**

通过认真的个人体验与专注的学习，我渐渐发现：最大的帮助是自我帮助；除了自我帮助之外，再无其他任何的帮助。——尽你最大的努力，倾注全部的心血去完成任务，这是一个没有终点的、不断前进的过程。

▽ **承认错误**

错误总是可以被原谅的，如果你有勇气去承认它。

▽ **解除苦难之药就在你心中**

从一开始，解除苦难之药就藏在我心中，但我并未得到它。我的病痛从我内心而来，但我并未观察它——到目前为止。现在我明白，若要找到光明，就只能像蜡烛一样，燃烧自己，耗尽自己，除此之外别无他途。

▽ **自我帮助的多种形式**

经历了各种人生沉浮之后，我意识到，不能依靠他人，只有自我帮助。自我帮助有很多种方式：每日通过客观的观察去发现，专心致志尽力而为；锲而不舍的、偏执的敬业精神；最重要的是意识到对这些东西的追求没有终点和界限，因为生活是一个不断演化、不断更新的过程。

▽ **解放之法就在心中**

每个人都会束缚自己，这种束缚便是无知、懒惰、只关心自己、恐惧。你必须解放自己，接受这一事实：我们必须顺应这个世界，"夏天热得出汗，冬天冻得打战"。

▽ **依靠自己**

发现自己的需要，找出自己的资格。

▽ **战胜自己**

一个人若能战胜自己,便可成就伟大的事业。看清自己,即明辨是非。

▽ **未竟的旅途**

只有在未竟的旅途之中,我们才会背负许多过去。

▽ **最伟大的胜利**

战胜自己是巨大的成功。强者就是战胜自己的人。

自我发现（Self-Discovery）

▽ **自我剖析**

对我来说，我的生活就是自省，一点点、一天天地自我剖析。

▽ **学习是一个发现的过程**

学习是一个发现的过程，揭示存在于我们身上的根本属性。而在这个发现的过程中，我们也会显示出自身的才能和眼光。

▽ **我们需要去发现**

为了发掘自身的潜能，搞清楚正在发生什么，去发现怎样才能丰富我们的生活，找到解决困境的方法，我们需要去发现。

▽ **自我认识**

所有类型的知识归根结底意味着对自我的认识。

▽ **人的责任**

我个人认为人的责任包括胸怀坦荡、脚踏实地、简简单单地做人。

▽ **成为一个真正的人**

无论发生任何事,你始终都是你自己,要成为一个真正的人而不是工具人,在你自己不断变化的成长过程中,诚实的自我绝对占据着极其重要的位置。

▽ **我们容易在极端状态下轻信他人**

当我们完全孤立无援或者拥有绝对权威的时候,任何事情都有可能发生——这两种状态下我们都容易轻信他人。

▽ **自我认知**

我觉得我身上蕴含着巨大的创造力和精神动力,比任何信念、志向、信心、决心、远见都要强大。

自我表达（Self-Expression）

▽ 走向自我表达
向着自我表达、自我实现前进，不自满于平庸的生活方式，不执着于重复研究特定的模式。

▽ 自我表达的重要性
自我表达非常重要。只有自信方可成就卓越——绝大多数人只会盲从与模仿。

▽ 自由地表现自己
活着就意味着用创造性的方法自由地表现自己。

▽ 表达心中的真义
人不能一味模仿，而是要努力传达你看到的真义。

▽ 自我表达有利于建立真实的关系

不要故弄玄虚也不要错综复杂，要开放而简单。人要做真实、开放的自己才能建立真实的关系。

▽ 通向自我表达

通向自我表达的途径只有一条：完整、直接、毫不迟疑，只有当你的身体和精神无法被拆分割裂的时候，你才能够表达你自己。

▽ 诚实地自我表达是困难的

要诚实地表达自己，不欺骗自己，我的朋友，那是非常困难的。

▽ 自我表达是对现实的回应

当一个人不能"表达"自己时，他便不自由。他会开始挣扎，但这种挣扎滋生了一种惯例。不久，他就会把这种惯例当作回应，而非对现实做出回应。

▽ 要真诚地表达自我

我在电影中可以做很多虚假的事情，甚至连自己都蒙蔽了，我也可以给你们展示一些花哨的动作，但是朋友，最困难的事就是真诚地表达自我，而不是自欺欺人。

自我实现（Self-Actualization）

▽ **何谓实现自我**

何谓实现自我？此时此地，我就是我。

▽ **自我实现是最高境界**

以自我为根基，成就核心（思想），这是一个人所能达到的最高境界。

▽ **二流武术家（循规蹈矩者）**

二流武术家盲目地追随师父，接受师父传授的招式，结果他的行动、思维变得机械，他的反应只能按照招式。——他也因此停止了发展与成长。他是个机器人，是数千年宣传与调教的产物。二流武术家很少学会表达自我，反而忠诚地追随强加于他的招式。他被培养出了依赖性思维，而不是独立的探索精神。

▽ "镜中人"

"镜中人"总是希望知道自己在别人眼中是什么样子。他不做出批判,而是将别人的批判投射于自身,总觉得自己受到了批判,觉得自己在舞台上表演。

▽ **最强烈的不安源自郁郁寡欢**

我们似乎更信赖于我们所效仿的,反而对自己所创造的信心不足。我们无法对根植于我们自身的任何事物足够确定。最强烈的不安全感来自于不合群;只有当我们效仿他人时,才不会孤独。

▽ **不要去寻找成功的个性,然后复制它**

当我四下环顾时,总能学到一些东西,那就是始终做自己。要表达自己,相信自己。不要向外部寻找一种成功的个性,然后去复制它。人们似乎总是去模仿他人的风格,却从来不曾从自己的本性出发,那就是"我究竟如何做自己"。

▽ **对真实的需要**

在生命中,除了寻求真实之外,还有更重要的事吗?要发挥你的潜能,而不是浪费精力去追捧虚假的形象和消耗自己生命的能量。我们前方还有许多伟大的事情要做,需要我们投入非常大的精力。

▽ **努力做到更好**

一个人必须始终努力做到更好。只有天空才是他的极限。

▽ **"道"的寻找**

保持警醒意味着严肃认真,严肃认真意味着诚于待己,只有真诚才能引导你最终发现自己的"道"。

▽ **自我修养的过程**

要进行自我修养,先要端正自己的思想;要端正自己的思想,先要使自己的意念真诚;要想使自己的意念真诚,先要使自己获得知识,获得知识的途径在于认识研究万事万物。通过对万事万物的认识研究,才能获得知识。[1]

▽ **自我实现与自我形象实现**

很多人一生都致力于实践一个他们"应该"怎样的理念,而不是去认识、实现自身。自我实现和自我形象实现

---

[1] 这个观点出自《礼记·大学》:欲修其身者,先正其心;欲正其心者,先诚其意;欲诚其意者,先致其知,致知在格物。

两者之间是存在差异的。大多数人只是为自我形象而活，这就是为什么虽然有了"自我"这一出发点，但多数人仍然空虚而无所有。因为他们都忙着让自己按照这样或者那样的方式去表演，宁愿倾注生命去实现他人提出的目标，也不愿意作为一个"人"去实现自己而不断提升潜能；宁愿浪费全部的精力去表演、去做戏，也不愿意集中精力拓宽自己的潜能，或者表达和传递这种能量，以便进行卓有成效的沟通。

▽ **如何成为自己**

自我实现是一件重要的事。我个人对人们的建议是，希望他们去实现自己，而非实现自己的形象。我希望他们向内照见自我，真诚地表达自我。

▽ **不要为形象而活**

大多数人为他们的形象而活，这就是为什么一部分人把自我作为起点，更多的人心中空空如也，因为他们忙忙碌碌，把自己塑造成这样或那样的形象。

▽ **矫揉造作毫无益处**

流于表面形式，实际经历却截然不同，这样的矫揉造作没有任何意义。做真实的自己才能建立真实的关系，接受自己才能改变自己。

▽ **实现自我的人是真实的人**

当一个实现自我的人看到另一个实现自我的人,便会情不自禁地说:"这是一个真实的人!"

▽ **吸取有用的**

研究你自己的经验,吸取有用的,舍弃无用的,增加对你来说不可或缺的。

▽ **实现自我,追寻自由与纯粹**

那些不相信生命内在力量的人,或缺乏此种力量的人,被迫以金钱作为替代品来进行补偿。当一个人对自己充满信心,当他在这个世界上想要的只是自由和纯粹地完成自己的使命时,他就会把所有的巨额财产仅仅看作有用的、令人愉悦的附属品,而不是不可或缺的。

▽ **要实现自我就必须倾听**

不要再浪费时间去扮演某种角色或迎合某种概念了。学会去实现你自己,实现你的潜能,重要的是去倾听。倾听、理解、敞开胸怀是一回事。

▽ 自我实现是一种启迪

开悟,从梦中觉醒。觉醒、自我实现,了解内在的自我——它们的意义是相同的。

▽ 实现自我之路是最艰难的

我们可通过三种途径来获得价值感:要么实现自己的才华,要么始终保持忙碌,要么在自己以外的事物——如目标、领导、团队、财产等上面得到认同。在这三者中,自我实现之路是最艰难的。当其他获得价值感的途径或多或少被堵住时,我们就会选择这条路。

▽ 警觉,质疑,求索

对你来说,最重要的是保持警惕,提出问题,找出答案,这样才会唤醒你的主动性与进取心。

▽ 圣洁之旅是孤独的

每一个人都需努力靠自己的力量实现自我,没有大师能给他现成的结果。

▽ 形象产生依赖性

如果你为了扮演某种形象(你心目中的自己)而否定自己,你就会向那个你心目中的自己发展,对其产生依赖性。

▽ 因循守旧会浪费宝贵精力

因循守旧只会增强我们的消极性,阻止我们去观察,最重要的是,让我们浪费了大量精力,而不是利用精力创造性地促进我们自身的发展。

▽ 成为一个生活的艺术家

习武是我的选择,演员是我的职业。虽然我在生活中主要扮演这两个角色,但我最希望的是能实现自我,成为一个生活的艺术家。

图书在版编目(CIP)数据

李小龙生命哲思录 /（美）李小龙著；萧浩然译.
武汉：长江文艺出版社，2024.8. -- ISBN 978-7-5702-
3721-0

Ⅰ.B821-49
中国国家版本馆CIP数据核字第2024V33P03号

李小龙生命哲思录
LI XIAOLONG SHENGMING ZHE SI LU

（美）李小龙　著

选题产品策划生产机构	北京长江新世纪文化传媒有限公司		
总 策 划	金丽红　黎　波		
责任编辑	张　维	装帧设计	郭　璐	责任印制	张志杰　王会利
助理编辑	张金红	内文制作	张景莹	媒体运营	刘　冲　刘　峥　洪振宇
版权代理	何　红	法律顾问	梁　飞		
总 发 行	北京长江新世纪文化传媒有限公司		
电　　话	010-58678881	传　　真	010-58677346
地　　址	北京市朝阳区曙光西里甲6号时间国际大厦A座1905室　邮　编	100028
出　　版	长江出版传媒　长江文艺出版社		
地　　址	湖北省武汉市雄楚大街268号湖北出版文化城B座9-11楼　邮　编	430070
印　　刷	天津盛辉印刷有限公司		
开　　本	12.8 cm×18.5 cm　1/32	印　　张	8
版　　次	2024年8月第1版	印　　次	2024年8月第1次印刷
字　　数	135千字		
定　　价	62.00元		

盗版必究（举报电话：010-58678881）
（图书如出现印装质量问题，请与选题产品策划生产机构联系调换）